人工智能
极简史

张军平 著

张毅 绘

湖南科学技术出版社·长沙

图书在版编目（CIP）数据

人工智能极简史 / 张军平著. — 长沙 ： 湖南科学技术
出版社，2023.10(2024.5重印)
ISBN 978-7-5710-2507-6

Ⅰ. ①人… Ⅱ. ①张… Ⅲ. ①人工智能－简史 Ⅳ.①
TP18

中国国家版本馆 CIP 数据核字(2023)第 187172 号

RENGONG ZHINENG JI JIANSHI

人工智能极简史

著　　者：张军平

绘　　者：张　毅

出 版 人：潘晓山

责任编辑：邹　莉　刘羽洁

特约编辑：孙　强

出版发行：湖南科学技术出版社

社　　址：长沙市芙蓉中路一段 416 号泊富国际金融中心

网　　址：http://www.hnstp.com

湖南科学技术出版社天猫旗舰店网址：
　　　　　http://hnkjcbs.tmall.com

邮购联系：0731-84375808

印　　刷：湖南省众鑫印务有限公司
　　　　　（印装质量问题请直接与本厂联系）

厂　　址：长沙县榔梨街道梨江大道 20 号

邮　　编：410100

版　　次：2023 年 10 月第 1 版

印　　次：2024 年 5 月第 2 次印刷

开　　本：880mm×1230mm　1/32

印　　张：7.25

字　　数：145 千字

书　　号：ISBN 978-7-5710-2507-6

定　　价：68.00 元

历史的天空
群星灿烂

　　张军平教授对人工智能科普的热情让人钦佩。继不久前《爱犯错的智能体》一书走红书坛、荣获中国科普作家协会第三届优秀作品金奖之后，现又推出新著《人工智能极简史》。书中收集了大量的资料，从人工智能思想的萌芽谈起，介绍了这门学科的兴起与波折、寒冬与阳春、数代人的努力与艰辛，当然还有辉煌与沧桑。虽然在回首历史的同时掩盖不了激动与兴奋，但在展望未来时又微微露出丝许迷茫。娓娓道来的故事配上了漫画，使"古老"的传说活跃纸上。

　　然而，在活泼的文字后面，却有着一系列严肃的问题值得我们思考。人工智能既然给人类文明带来了那么大的贡献，又为何在发展过程中一波三折，屡次让专家们措手不及？那些曾经被"钉在十字架上"的人工智能批判者，真的就是犯下了"人工智能寒冬制造罪"吗？在今后前进的路上，"寒冬"还能否避免？还有，人工智能只是一些玩弄小聪明的技巧吗，它有没有严格的科学基础？人类有智能，人造机器有智能，某些动物据说也有智能，这些不同形式智能的共同本质是什么？发展人工智能已成为世人共识，被列入国家战略，那么进一步发展的核心驱动力是什么？主要困难在哪里？最后，有一个曾经使很多人关心的问题：人工智能会不会是一个"潘多拉的盒子"，有朝一日会危害到人类自身？

借此作序的机会，我想就其中的部分问题谈谈自己的看法。

批判是成功之母。人们常说失败是成功之母。但是我们今天要说"批判（也）是成功之母"。如果在科研领域出现了一部不够成熟，甚至可能含有错误的作品，但没有人指出来，作者本人又没有发现，错误就会一直继续下去，改进的版本就不会产生。最坏的情况下会影响有关研究方向的发展。反之，如果有人及时站出来鲜明地指出问题，端正方向，则对推动相关研究是大好事。本书介绍的"感知机模型的浴火重生"就是一个正面的例子。我相信罗森布拉特完全不会怨恨明斯基和派珀特新书《感知机》对他的感知机的批评。后来的人工智能专家们大多也不会为此而讨伐明斯基"扼杀"了早期神经网络研究的发展，尤其是不能责怪他引来了人工智能的"冬天"，因为事件的逻辑正好相反。正是明斯基他们的狠狠一击捅开了通向真理之门。要是没有明斯基他们指出感知机存在的问题，哪有后来神经网络的迅速和健康的发展？英国诗人雪莱曾赋诗：既然冬天来了，春天还会远吗？这就是历史的辩证法。所以我觉得如果要说吸取"冬天"教训的话，应该是想一想怎样才能从科学的批判中更快地找到出路，让春天早些到来。如果把思路更加拓宽一点，我们不妨说："有志的科学斗士在遇到难过的坎时，第一个想法应该是'机会来了！'"。

人工智能是科学。人工智能是科学吗？提这个问题可能会使很多人惊讶：人工智能当然是科学呀，怎么会有这样的问题呢？但事实是社会上可能对这个问题并未形成共识。我就看到过"人工智能与科学结合"的说法。如果这个说法成立，那就是把人工智能排除在科学之外了。联系到本书提到的历史上一些疑似"人工智能"的传说、神话，它们让人听起来还蛮有兴趣，但读者都知道这些传说只不过是反映了我们的祖先对制造能够自动执行某些动作的工具的渴望。传说毕竟是传说。从本书的介绍可以看出，人工智能，特别是现代人工智能，建立在严格的逻辑和数学基础之上。不幸的是，社会上总会有一些人对人工智能抱有偏见，认为人工智能只不过是一些"碰运气"的技巧，入不了严肃科学的大堂。再加上国内向来有一种把科学和技术分开的传统，更加助长了这种想法。所以我认为，尽管人工智能的重要性已经得到了国家层面的肯定，但是人工智能是科学的客观事实还需要更深地在人们观念上扎根。

不确定性是人工智能的终身伴侣。前面我们说到人工智能是科学。那它究竟是一种什么样的科学呢？从中国科学院学部的分类来说，应该属于信息科学。本书介绍了 20 世纪中叶两位信息科学大师维纳和香农。他们都提到了信息在消除不确定性中的作用，几乎在同时提出和回答了一个问题："从数学的观点看，信息是什么？"他们认为信息是用来消除不确定性的（一个物理量）。换句话说，不确定性是由于信息不完全与 / 或人们信息处理能力有限而带来的认知局限。两位大师在此基础上发展出的一整套信息科学理论至今还在指导人们从事有关研究。这和人工智能息息相关。人工智能面对的最大的科学问题就是对不确定信息的处理。什么是智能？智能就是在信息（包括知识）不充分的前提下做出最有可能是正确的判断和尽可能最优决策的能力。说它"最有可能正确"表示我们承认人类决策永远存在失误的可能。这也就是尽管当今社会人工智能的应用已经遍地开花，无孔不入，但在关键问题、关键时刻，还是要人来把关的原因。为此可以说人工智能是一门处理信息（数据、知识）不确定性的科学。从这个观点出发，凡是有确定方法可以解决的问题都不是人工智能难题。即使曾经是人工智能难题，也会随着人工智能理论和技术的发展而逐渐变得简单。例如在人工智能初创时期，能够进行逻辑推理或是能够解一个微分方程的程序都可以算是有智能的了。而现在这些问题都属于常规编程。

在大数据时代，"信息不完全"的概念还应该扩大到：信息是存在的，但是由于信息量过于浩大或过于难提取，以至于人或计算机在有限时间和有限处理能力内无法穷尽其提取和处理，所以只好就能够在允许时间内和条件下获取和处理的信息做出决策。由此可见，人们掌握信息的完备性只是相对的，不是绝对的，更不用说在掌握充分信息的基础上做出合理的判断和决策了。人对真理的认识是无止境的，所以无论人工智能如何发达，不确定性都将如影随形，伴随人工智能终身。

模型还是算法？这是一个问题。本书提到了一个著名的历史事件：日本的第五代计算机开发计划没有成功。这件事在国际上影响很大。当时计算机界又称规划中的五代机为 Prolog 机器，因为该五代机的硬件体系结构是按照 Prolog 程序的推理机制设计的。也就是说五代机原则上是硬件化的 Prolog 程序解释器，Prolog 是一个逻辑推理语言，在第一个 Prolog 系统于 1972 年问世以后，该语言深受计算机界欢迎，成为能在国际上与 Lisp 语言分庭抗礼的新一代人工智能语言。日本的 Prolog 硬件化计划由此产生。它的失败也不是偶然的。一位德国计算机专家曾经对我说："他们以为把 Prolog 硬件化了就可以提高效率。实际上提高效率的关键在软件，即 Prolog 程序的优化，不在硬件。"那么五代机的设计者当初究竟是怎么想的呢？我认为还是受了传统的人工智能语言设计理念的影响。早期的人工智能语言基本上都是建立在某个人类认知模型基础上的，例如 Lisp 的模型是递归函数，Prolog 的模型是 Hoare 逻辑。现代社会要求人工智能处理的任务越来越复杂，往往不是单个的认知模型可以解决的。如果只是坚持在某一种模型上，就会使程序越来越复杂。所以人们往往很容易看到：现代人工智能发挥威力的关键应该是算法，而不是单个的模型。即使要用模型，它的核心因素也是算法。本书提到的 AlphaGo 击败人类顶级围棋手和不久前字节跳动公司表态要严格遵守《中华人民共和国技术进出口管理条例》和《中国禁止出口限制出口技术目录》就是显示人工智能算法重要性的两个突出例子。前者是人工智能算法的胜利，后者是对人工智能算法的保护（出口限制）。

如果承认算法已经成了人工智能的关键因素，我们就得到了一个进一步的结论：人工智能威力再大，也要受有关计算理论的节制。可计算性和计算复杂性理论也是人工智能的"大限"。人工智能理论和技术的一切进步都无法绕过这个大限。

人类智能与人工智能是命运共同体。本书的最后一章提到了人工智能的一些根本问题，其中一些有着深刻的哲学背景。例如，"机器会有智能吗？""人类智能和机器智能可以组合在一起吗？""人工智能有局限性吗？"还有更深刻的问题："机器有自我意识吗？"这类问题常常使许多人感兴趣，包括专家和一般老百姓。针对此类问题，我觉得美国作家爱德华·阿什福德·李的观点很有见地，在一定程度上可以回答此类问题。这位"李"先生在他的《协同进化：人类与机器融合的未来》一书中描述了一幅人类和机器彼此促进，共生共长的图景。他在书中阐述了一系列观点，我无法一一评述。确切说来，我支持"李"先生在书名中表达的观点——协同进化：人类与机器融合的未来。如果换成我自己的话，则可以表达为"协同进化：人类智能与人工智能融合的未来"。自从人工智能诞生以来，人类智能与人工智能的关系就一直是人们关心的问题。"人工智能会比人更聪明吗？""人工智能会反过来控制人类吗？""人工智能会毁灭世界吗？"，等等，不一而足。"李"先生的协同进化论表明，人工智能既不会永远臣服于人类智能，也不可能反过来损害人类智能。双方都在实践和交互中学习对方的智慧，充实自己的才干。魔高一尺，道高一丈。双方都既是魔，又是道。这个前景或许会使一些人工智能恐惧论者摆脱"人工智能威胁"阴影。

陆汝钤

2023 年 5 月 23 日

引言

1　人工智能的萌芽期（1936—1955）

2　人工智能的初创期（1956—1980）

3 人工智能的分支流派

4 人工智能的成长期（1981—2011）

5　人工智能里的原则、直觉与反直觉

6　人工智能的第三次热潮（2011 年至今）

7 人工智能的未解难题与未来

引言

Introduction

*

人工智能（Artificial Intelligence），顾名思义是期望形成人为的、性能优异的智能。在狭义上，人工智能可以认为是用机器来模仿人类的智能。在广义上，则可以视为对一切拥有智能行为的生命的模仿和学习。尽管严格意义来说，人工智能的历史要从 1936 年开始算起，但人类对人工智能的追求和梦想由来已久，民间传说不胜枚举。在人工智能建立之前，也有很多前辈为人工智能打好了数学、物理和相关知识的基础。在本节中，仅列举四个国内外有代表性的故事作为引子。

中国古代人工智能传说

偃师造人，唯难于心

人类自古以来，就梦想能制造出像人自身一样的玩偶，期望它们像人一样跳舞、下棋。也希望，能造出帮助人类省时省力的机器。

据《列子·汤问》中记载，在遥远的西周时代（公元前 1046 年—前 771 年），民间就流传着一个关于"人形机器"的故事。传说周穆王向西巡狩时，在遥远的昆仑山区偶遇一名叫偃师的匠人。偃师献给周穆王一个他制造的、几乎能以假乱真的舞者。按书上的记载，"巧夫颔其颐，则歌合律；捧其手，则舞应节。千变万化，惟意所适。"

这个舞者不仅舞跳得好，甚至还能眉目传情。以至于周穆王开始怀疑，偃师是请真人来跳舞，于是勃然大怒，要将偃师处决。偃师吓死了，赶紧当场把舞者拆开。大家一看，原来这个舞者是由皮草、木头再刷上颜料制成。虽然五脏俱全，却都是假的。但组合在一起，又和常人无异。而如果去掉其中的器官，则舞者会失去某项功能。如去掉心，则口不能言。去掉肾，则走不了路。周穆王方才相信所见为真，感叹道："人之巧乃可与造化者同功乎！"因此有典故称："偃师造人，唯难于心。"

　　而我国另一个人工智能相关的故事，则是东汉时期（公元 25 年—220 年）张衡发明的指南车。指南车又称为司南车，但并不是利用指南针的磁性，而是通过车里的齿轮转动来自动控制方向，以便让指南车上的木人始终保持出发时设置的指示方向。因此，也可以认为是世界上最早尝试过制造机器人的传说之一。

　　再稍后不久，大约在建兴九年至十二年（公元 231 年—234 年），据说三国时期蜀汉的丞相诸葛亮曾发明了一种载重量约 200 千克的运输工具——木牛流马，方便运输粮草。

　　从其民间仿制的形态和所具有的军事意义来看，以上例子都可以视为美国波士顿动力公司（Boston Dynamics）研发的大狗运输机器人的雏形版。

　　这些可以说是最早记载人类对人工智能的梦想和思考的故事。但也只是些传说，不必过分当真。毕竟，那时的科技水平，离实现人工智能还遥不可及。

故弄玄虚的土耳其机器人
本是真人象棋大师

除了跳舞、指引方向和运输，人类也希望机器具有更高的智能，比如像人一样下棋。

在"木牛流马"传说产生的 1000 多年后，在 1770 年奥地利的宫廷里，发明家沃尔夫冈·冯·坎佩伦（Wolfgang von Kempelen）带来了一台能下国际象棋的机器。因为机器里坐着一个穿着土耳其礼服的木制机器人，坎佩伦称之为"土耳其机器人"。

坎佩伦对宫廷里的人说，土耳其机器人能在国际象棋上战胜任何一个人。尽管大家不服，但挑战者确实没有坚持到 30 分钟就输了。土耳其机器人也因此一举成名。不仅如此，在随后的 10 年里，土耳其机器人在欧洲巡游过程中，还击败不少当时有名的聪明人，如本杰明·富兰克林和腓特烈大帝。在坎佩伦于 1804 年去世后，机器又被德国大学生 Johann Nepomuk Mazelzel 买下，继续在世界巡游。

然而，如周穆王一样，很多人也怀疑过这台机器的真实性。比如，英国的工程师和数学家查理斯·巴贝奇就觉得机器里面可能藏着一个真人，而真相也确实是如此。坎佩伦和 Mazelzel 偷偷雇了一名国际象棋大师，将其藏匿在机器里。大师可以看到外面的人是如何下棋的，并操纵机器人按自己的思路来落子。而机器本身也设计得很巧妙，能够确保在打开机器里一扇门的时候，不会让观众发现里面居然有一位真人大师。

不过，对土耳其机器人的观察，也让巴贝奇和他的协作者 Alamy Ada Lovelace 意识到，通过对机器的精心设计，也许能让机器执行一些人类的任务，或玩一些需要智力的游戏，如国际象棋。

当然，限于当时的知识结构和软硬件条件，他们的理想显然不可能完全实现。

尽管土耳其机器人是一场骗局，但仍然可以视为最早探索人工智能的一次尝试。为了纪念这一事件，美国亚马逊公司将其 2005 年推出的众包网络集市服务，命名为亚马逊土耳其机器人（Amazon

Mechanical Turk）。与土耳其机器人不同的是，这个服务是基于该网络平台，将网民的潜能利用起来，为完成某项任务而共同工作。比如甲方需要对某组交通监控视频数据集进行标注。但如果自己来做，可能导致人力成本过高，而且也浪费时间。此时，就可通过亚马逊的土耳其机器人上的众包方式来完成。而发布任务的人也不需要认识这背后参与标注任务的成千上万网民，并对他们进行常规的人力管理。

人工智能极简史

人工智能的逻辑
古代科学家和思想家的思考

人工智能在被正式命名之前，人类也从逻辑方面考虑了上千年，一个重要的努力方向是，希望将人类思维中的逻辑推理变成可以计算的程序。例如"今天出大太阳，出门不用带伞""少壮不努力，老大徒伤悲"都是常见的逻辑推理。但只有让其形式化、公式化后，才可能转变成计算机能够处理的智能流程。

出太阳 = 不下雨 = 出门不带伞

而要完成这种转变，古往今来不少伟大的科学家和思想家都对此进行了探索和思考。

在古希腊时期，哲学家亚里士多德（公元前 384 年—公元前 322 年）在《工具论》中，总结了人类逻辑里一些基本的规律，包括矛盾律和排中律，为形式逻辑这一推理的基本出发点奠定了基础。

而提出过"知识就是力量"的英国哲学家和自然科学家培根则系统性地研究归纳法，即从特殊到一般的法则。它与从一般到特殊的演绎推理一起，构成人类生活中的两种常用推理。

曾经和牛顿争论过谁是最早发明微积分的德国数学家和哲学家莱布尼茨则将形式逻辑进行了符号化，因而使得人的某些思维变得可以运算和推理。他期望由此能形成通用的、方便推理演算的符号语言。后来，人工智能里的数理逻辑的产生和发展都与他提出的思路相似。

英国数学家和逻辑学家乔治·布尔（George Boole）则将莱布尼茨关于思维符号化和数学化的思想初步实现。他在 1847 年发表的《逻辑的数学分析》中，创造了一套符号系统，以便用符号来反映逻辑中的各种概念。在 1854 年出版的《思维法则的探讨，作为逻辑与概率的数学理论的基础》一书中，他提出一套新的代数系统，即布尔代数，为数理逻辑初步奠定了基础。

到 1884 年，德国数学家费雷格出版《算术基础》一书，在书中引入的量词符号，让数理逻辑的符号系统得到进一步的完备。另外，还有美国的科学家皮尔斯引入的逻辑符号，对数理逻辑起了重要的贡献。到 19 世纪末 20 世纪初时，数理逻辑已经基本成形，为将来人工智能的发展做好了充分的铺垫，打下了必要的基础。

薛定谔的思考
生命是什么？

　　人类对自身智能的思考从未停止过，但以前没有太多系统性和更理论性的探索。直到 1943 年，奥地利物理学家埃尔温·薛定谔首次详尽地从原子、分子层面探讨了智能的成因和组成。

薛定谔是物理学量子力学领域的开拓者之一。而广为人知的，还是他那只"薛定谔的猫"。因为它形象地告诉我们，人对密闭房间的这只猫进行的观测，有可能改变它原本不确定的生死。这一比喻，让大家多少明白点量子力学里的玄妙。

实际上，薛定谔在做完这些研究之余，对人的智能成因也曾有过浓厚的兴趣。他认为由原子、分子组成的生命体，必然是符合物理学规律的。无论是生命的有序性，还是人类的意识，都是如此。他思考过"同独立存在的原子相比，为什么人类的身体一定要那么大？"也曾想过"像人类大脑这样的器官及附属的感觉系统，为什么必须要由大量的原子来构成，才能使其变化着的物理状态与人类高度发展的思想密切关联？"他还试图找出作为整体的大脑与能灵敏记录单个原子的机器之间的不同。

在其撰写的科普书《生命是什么》中，他就这些问题进行详细分析，认为有序性和统计形成的共性是关键线索。虽然书的字数并不多，只是薄薄的一本，但在此书出版前后，人类的研究中就衍生出了两个大的分支：一是分子生物学，该学科希望从分子层面来了解生物的特性；另一个分支就是人工智能。以至于后来有人将《生命是什么》一书，视为人工智能和分子生物学的开端，尽管当时人工智能的概念尚未被明确提出来。

而真正被多数人工智能专家们认可的，人工智能的历史则应该从 1936 年开始算起。到目前为止，它经历过两次寒冬，三次热潮。截至目前，仍处在第三次热潮中。根据时间节点，有些科学家将人工智能划分为萌芽期、初创期、成长期和第三次热潮四个主要阶段。当然，这一说法并没有得到专业人士完全一致的认可。只是为便于从时间线上了解人工智能的发展，本书将以划分成这四个时期的方式来作为叙事的主线，讲述其中的关键技术和相关故事。同时也穿插了人工智能的分支流派、人工智能里的原则与直觉、人工智能的求解难题与未来，以便读者能对人工智能的发展有更全面的印象。

1

人工智能的萌芽期（1936—1955）

Chapter One

*

　　人工智能萌芽期为人工智能的发展奠定了硬件、神经生理学、哲学、控制论与信息论的基础。虽然没有显式地被称为人工智能，但这期间一些人工智能著名学者做出来的成果，都为随后几十年人工智能的发展提供了必不可少的思想基础和理论支撑。

图灵机
电子计算机的雏形

说起人工智能乃至计算机，就不得不提到艾伦·麦席森·图灵（Alan Mathison Turing）。他于 1912 年 6 月 23 日出生在英国伦敦，是位长跑健将。他从中学时期开始跑步，19 岁就经常进行 50 千米长跑。这也成为他在科研生涯中减压和放松的主要方式。

1946 年 8 月，图灵报名参加正式跑步训练后的第一场比赛，就以 15 分 37 秒的成绩赢得了 3 英里跑（约 4.8 千米）比赛的第一名，此成绩当年在英国排名第 20 位。1947 年，他又参加英国业余田径协会的马拉松锦标赛（42.195 千米），跑出个人最好成绩——2 小时 46 分 03 秒，获得第五名。想想那个时候，是不可能有如今那么好的跑步装备的，比如速干衣、防肌肉抖动的长跑袜、轻量级又能增速的马拉松鞋，跑出这个成绩相当有难度。不过，他不科学的"外八字"跑步姿势和大喘气呼吸，还是限制了他在跑步事业上的进一步提升。当然，"塞翁失马，焉知非福"，从此人工智能界就有了一位开创传奇的人物。

说到人工智能研究，他在理论计算机科学方面曾研究过"自动计算机"的逻辑设计，并于 1936 年提出了作为通用计算机模型的图灵机。当时，他还只是剑桥大学国王学院数学系的学生。

图灵提出图灵机的初衷是想解决当时一个有趣的数学问题，即是否存在一种方法，能确认某个数学描述的真或假。比如"97 不是质数"。对数学问题来说，要形成通用或普适性的证明，往往会有冗长的推导。比如 2022 年底张益唐做的一个与黎曼猜想相关的证明，就洋洋洒洒地写了 111 页。而图灵在当时则另辟蹊径，设计了一个等价但简单得多的图灵机。不过，这个图灵机并不是真实的，而是想象出来的理论模型。

图灵机，从其设想的构造来看，颇有些类似二十世纪八九十年代我国曾风靡一时的磁带式收录机。其中，图灵机里的控制器，相当于收录机里读写磁带的收录两用磁头。只不过，图灵机里要读的磁带是无限长的。另外，它还有一个能存储图灵机当前状态和停机状态的状态寄存器。而图灵机里磁头的功能是读取和更新磁带当前的状态。同时，图灵机里的控制规则可以根据此状态，来确定磁头下一步的动作，并用磁头来刷新状态寄存器里的值。

除此以外，图灵机假设其每一部分都是有限长度的，而各个部分累积的结果是可以无限长的。通过这样的设计，图灵机在理论上，可以模拟人类的计算活动。

图灵希望知道，是否存在一台图灵机，可以判定任意图灵机的输出结果。或者说，它是否能回答两个关键问题：一是是否存在一台机器，它能确定在磁带上的任意机器是在"循环"的机器。这里的循环包括停机、未能继续它的计算任务；二是是否存在一台机器，它能确定在磁带上的任意机器曾经打印过一组给定的符号。

然后，图灵发现这样的图灵机是存在矛盾或悖论的。因此，也就能推断出，图灵机的停机问题，是不可判定的。推而广之，数学也无法简化出一种通用的解决方案。换言之，图灵机的本质是一种计算模型。计算是考虑确定性事件的，而不可判定或无法确定的会超出计算的范围。

图灵机提出的时候，它还只是抽象的概念，并没有实体机。但因为图灵机上的纸带就像是存储有待执行的程序，所以，图灵机也可以看作是，现在主流计算机采用的冯·诺依曼架构的雏形版。这正是图灵被称为"计算机科学之父"的原因之一。

第1章　人工智能的萌芽期（1936—1955）

图灵测试
人工智能跨不过的槛

除了图灵机，另一项引起广泛注意并对人工智能产生深远影响的事件是图灵于 1950 年在期刊《心智》上发表的《计算机器与智能》论文。该文被公认是人工智能领域的首篇论文。在文章中，图灵提出了著名的"图灵测试"（Turing Test）。

图灵测试是希望测试机器是否具有与人一样的智能。它的测试方法是将人与机器分别放在两个隔开的房间里，同时让测试者向被测试的人和机器通过一些装置如键盘来发问。如果在 5 分钟内，有超过 30% 的测试者分辨不出，回答问题的到底是人还是机器，那么，就认为机器通过了图灵测试。换句话说，即认为这台机器具备了人类的智能。

虽然图灵测试在设计上并不复杂，图灵也曾乐观预测 2000 年时，会有机器通过图灵测试。但是从 1950 年至今，时间已经过去了70 多年了，至今尚无真正能通过这一测试的。

不过，通过一些技巧来让测试者误以为机器能通过的案例倒是不少。比如 1964—1966 年期间，麻省理工学院人工智能实验室的约

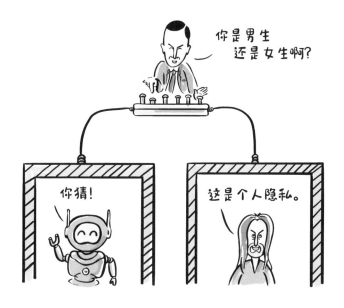

瑟夫·魏岑鲍姆（Joseph Weizenbaum）设计的自然语言处理程序ELIZA，就通过提取测试者问话中的关键词进行模式匹配，以及镜像反问技巧，来让测试者不知不觉进入程序的圈套里，误以为程序能理解测试者的意思。ELIZA 可以说是第一个聊天机器人，也是第一个尝试图通过图灵测试的程序。虽然设计 ELIZA 的本意是想进行心理治疗的实验，但让魏岑鲍姆没想到的是，一些有心理问题的测试者，对这程序非常沉迷。甚至他自己的秘书，也是如此。遗憾的是，该程序的源代码后来丢失了。

实际上，到 2014 年，才有号称通过图灵测试的机器出现。当时，为纪念图灵逝世 60 周年，英国雷西大学在英国皇家学会组织了图灵测试。俄罗斯人工智能聊天机器人尤金·古斯特曼（Eugene

Goostman）被 30 名参与测试的人中的 10 名误判成人类，以 33%
的比例超过了图灵测试要求的阈值，并获得了通过图灵测试的公证
证书。然而，质疑其实验设置的人一直有。而且，该测试环境也并
非开放的，是有一定限制条件的。比如，尤金·古斯特曼被设定为
13 岁的小孩。后来，还有一些试图通过图灵测试的尝试。但总的来
说，仍然没有一台机器能够真正意义上通过图灵测试。

而图灵因为在人工智能的先驱性工作，被后人尊称为"人工智
能之父"。不仅如此，为了纪念他，美国计算机协会于 1966 年设立
了"A.M.图灵奖"（简称图灵奖），专门用于奖励在计算机领域做出
重要贡献的个人，该奖项也可以视为计算机领域的"诺贝尔奖"。

塞尔的中文屋子
反问图灵测试

  图灵测试并不是一直都被人工智能领域和其他领域的科学家们认可。有专家认为，图灵测试的环境存在漏洞，因此机器有可能可以通过一些技术手段，让测试者误以为机器与人类的回答是不可区分的。所以，便有了 1980 年哲学家约翰·塞尔（John Searle）提出的"中文屋"一说。

  在"中文屋"的思想实验中，塞尔假定有一个完全不懂中文的人在房间里。那人有一本能实现中文翻译的词典。房间内也有足够的稿纸、笔和柜子。当房间外的测试者通过唯一的窗口递进包含中文问题的纸条后，房间里的人就可以通过这本词典将文字变成自己能理解的语言并回答，然后通过词典再翻译回测试者能看懂的中文，再由房间里的人依葫芦画瓢将中文写到纸条上递出去。

  通过这种方式，室外的测试者无法确定室内的人是否懂中文，因此也就意味着室内的人通过了中文的图灵测试。

  "中文屋"的模拟实验表明，"计算机只要拥有适当程序，就可以认为其拥有它自己独有的认知状态，也能够像人一样理解世界"，这个强人工智能的假设并不一定合理。它也表明了，图灵测试可能存在一些漏洞。

　　不过，这些是关于人工智能高层次的思考，而人工智能实质性的研究在这一时期也已经展开了。

人工智能极简史

颅相学与 MP 神经元模型
从伪科学到科学

　　要实现人工智能，一种想法是去了解人脑的结构。因为，虽然人脑平均质量算下来也就 1.5 千克不到，它却支配了我们人类的一切生命活动。对于大多数动物来说，脑的作用也是同样重要。

　　在很早的时候，人类认为大脑不同的部分可能分别决定了每个人的行为、情绪、性格、语言、听视觉等。但以前没有什么仪器可以探测大脑的内部，所以，最初的分析是从包裹着大脑的颅骨开始的，19 世纪上半叶曾经风靡一时。人们会通过颅骨的形状、凸凹程度来分析每个人的人格特质。不过，这种研究最终被认定为伪科学，因为实在不靠谱。但是，如同炼金术促进了化学的发展，颅相学也促进了 19 世纪精神病学与现代神经科学的发展。如颅相学中提出的大脑皮质定位

老兄，根据"颅骨"检测，你有"易怒"倾向哦！

的概念，就是现代神经科学的基石。

随着人类探测仪器的发展，终于有能力一窥端倪，检测大脑的内部活动。而最早与人工智能密切相关的成果则是关于神经元的相互连接机制，在1943年由心理学家沃伦·斯特吉斯·麦卡洛克（Warren Sturgis McCulloch）和数理逻辑学家沃尔特·皮兹（Walter Pitts）发现。

他们注意到，人类大脑中的神经元的功能大致由四部分组成。其中，神经元的树突像一个输入信号的传感器，胞体则会加工这一些信息，轴突负责把信息传输到这个神经元的输出部分，最后，该神经元的突触会将这些加工后的信息输出到其他神经元。

有了这一印象后，他们便提出了仿神经元的数学模型，并用他俩姓名的首字母来命名，称之为 M-P 模型（McCulloch-Pitts Neurons）。

在该模型中，网络具有多个神经元。神经元的状态和相互间的

联系均具有兴奋和抑制的方式。这两种状态可以对应于计算机常用的 0-1 编码。但是网络没有记忆功能，主要是执行高级神经活动。

这一模型为人工智能的发展提供了神经元结构模拟的雏形，开启了模拟人脑来实现智能的研究方向。

人工智能的硬件基础
电子计算机的诞生

光有模型和想法，没有能付诸实行的设备，就是纸上谈兵了。那人工智能需要什么设备呢？当然是能编程、能跑程序、能存储数据的计算机。可是，计算机并非一开始就像我们现在用的这样。

有记载可查的，最早的计算机雏形有 1642 年布莱士·帕斯卡（Blaise Pascal）提出的加法器，1673 年莱布尼茨（G.W.Leibniz）提出的四则运算器，后有 1832 年查尔斯·巴贝奇（Charles Babbage）的分析器，以及 1889 年赫尔曼·何乐礼（Herman Hollerith）发明的穿孔计算机。这些都还是相对简单的。

而到了第二次世界大战初期，为了能够研制更厉害的新型大炮和导弹，需要更高效地分析弹道数据。单靠人力来计算是远远不够的，尤其在分秒必争的战争年代。因为弹道数据分析需要解非线性微分方程，并能够使用差分分析仪。所以，设计一台新型计算机就非常必要了。

1942 年美国物理学家约翰·莫奇利（John Mauchly）希望构建一种能编程的通用"电子计算机"。一年后，他和电气工程师普雷

斯伯·埃克特（J. Presper Eckert）一起获得相关的资金支持。最初的计算是在穿孔机上进行编程的。因为那时的计算机相当庞大且复杂，所以操作需要非常细心。于是，负责穿孔和设备调试的是 6 位女性操作员。

到 1945 年，正参加美国第一颗原子弹研制工作的数学家约翰·冯·诺依曼（John Von Neumann）也加入了这一研究。他发现原来的计划里没有考虑存储问题，而如果用这台计算机进行核聚变计算的话，穿孔卡的数量会超过百万。为解决这一问题，他和研制小组讨论后，便提出存储程序的概念，并于 1946 年 2 月 14 日，与开发团队一起在美国宾夕法尼亚大学研制成功世界上第一台通用现代电子数字计算机，又称为电子数字积分计算机埃尼阿克（Electronic Numerical Integrator And Computer，ENIAC）。它能够编程、存储数据和解决各种计算问题，且比当时已有的计算装置快1000倍。不过，那时的电子元件还很大，也没有集成电路，所以，一台计算机不仅功耗高，还挺占地方的。但是，人工智能的研究从此就有了设计算法和模拟仿真、实验的平台。

控制论与信息论
神童与独轮车

有了通用计算机，那么我们还需要一套理论来刻画智能的表现。在人工智能领域，常把智能架构在数据、特征、信息、知识这样一个金字塔的结构上。而信息是至今为止，智能领域最常用的概念之一。所以，如何估计数据里隐含信息量的多少是分析和理解人工智能的一个关键指标。

关于这个概念，有个略微反直觉的道理，就是一个事件的信息量与它发生的概率是成反比的。比如太阳每天从东边升起，这是天天都必然发生的，所以它发生的概率必然是 1，但却是没多少信息量的。反而是，路边突然有两个人在吵架甚至打架，这事在现代文明社会发生得太少，概率偏低，以至于信息量丰富得足以让旁观者举起手机拍照上传到朋友圈。

这些是单次事件反映出的信息量，而要弄明白整体信息量的意义，在 1948 年前后有两位科学家做出了重要的贡献。

一位是美国科学家诺伯特·维纳（Norbert Wiener）。他是位神童级的科学家，12 岁不到就中学毕业了。大学期间，他虽然是在塔

夫茨学院数学系读书，却广泛涉猎各个学科，包括数学、物理、化学、哲学、心理学和生物等，15岁不到就大学毕业，然后又去哈佛大学攻读生物学博士，后又转康奈尔大学学了点哲学，再回到哈佛学数理逻辑，最终于18岁获得哈佛大学的哲学博士学位。

他在19岁因数学方面发表的论文正式进入学术圈，25岁不到开始在世界著名的麻省理工学院任教，38岁晋升为该校的正教授。

关于信息，维纳做过长时间的思考，他认为信息是一种秩序。在其1948年出版的书《控制论》中，他将机器与动物的大脑神经系统进行了详细比较和分析，并从信息的角度思考人工智能。他认为，当信息高度有序时，则有可能消除掉一个系统或世界里的不确定性。因此，他提出一个信息量公式来刻画对不确定性消除所需要的信息量。不过，读者对这本书的评价不是太高。有人说，可能是因为维纳天赋过人、思路转换太快的原因，导致书的内容不是太好理解。但这些不足，没有影响此书成为自动化领域的经典书籍。

与此同时，美国数学家克劳德·艾尔伍德·香农（Claude Elwood Shannon）发表了《通信的数学理论》。他提出一个比上述公式多了个负号的公式，并引入物理学中的熵的概念来描述它，称之为"香农熵"或"信息熵"。按信息熵的理解，这个世界越有序，熵越小。而当变得无序时，熵最大，也就意味着世界的终结了。香农也因此被称为"信息论之父"。

信息论的出现，也使得心理学的研究者们意识到，人类的心理活动可以通过信息加工方式来建模和实现。于是艾伦·纽威尔和赫伯特.A·西蒙，在认知心理学派如瑞士的皮亚杰（Piaget）和美国的布朗（Bruner）的研究工作基础上，进一步发展出了信息处理心理学。

值得一提的是，香农虽不是神童，但也是个传奇人物。最让人印象深刻的是，他喜欢骑独轮车上班，能边骑车边扔三个苹果玩杂技。后来，他甚至还和人合作，在 1973 年成立了美国独轮车手协会。

尽管对于熵的提出，究竟是维纳还是香农先提出的，学术圈有些争议，但不可否认的是，关于信息的刻画让我们对人工智能的描述有了一个重要的评价尺度。

"杂技"和"科研"
两不误。

2

人工智能的初创期（1956—1980）

Chapter Two

*

　　萌芽期已初步打下人工智能的思想和理论基础，但多停留在概念阶段。而人工智能的兴起则是从初创期开始。这个阶段完成了人工智能的命名，发现了神经元细胞的感知特性，凝聚了未来人工智能领域需要解决的问题，见证了人工智能的黄金时代和第一次热潮（1956—1974 年），也让人类体会了人工智能的第一次"寒冬"。这些都为未来几十年人工智能的良性发展打下重要的基础。

人工智能的由来
达特茅斯会议

人工智能的英文名"Artificial Intelligence"，并不是老早就明确的，真正把这个名字确定下来，得归功于 1956 年在达特茅斯学院（Dartmouth College）召开的为期近两月的暑期学校。

当时会议的召集人是该学院数学系助理教授约翰·麦卡锡（John McCarthy）。为了准备本次会议，1955 年 8 月，四位人工智能的先驱者，包括约翰·麦卡锡、哈佛大学的马文·明斯基（Marvin Minsky）、IBM 公司的纳撒尼尔·罗切斯特（Nathaniel Rochester）和贝尔电话实验室的克劳德·香农，联合提交了一份带有"人工智能"（Artificial Intelligence）字样的提案。后来，麦卡锡将此次会议命名为"人工智能夏季研讨会"（Summer Research Project on Artificial Intelligence）。这可能是大家基本认同的人工智能名词出现的时间点。虽然麦肯锡本人认为，他也是听别人说的，但因年代太久，已经无从考究。

除了名字以外，参会的十位科学家也讨论了人工智能未来值得发展的七大方向。一是希望产生自动计算机，就是可编程的计算

人工智能极简史

机。这个方向，除了谷歌公司在 2022 年推出的 AlphaCode 有些端倪外，OpenAI 公司于 2023 年发布的生成式预训练模型 GPT-4 已经能较好地辅助人类编程。二是形成编程语言。这一点倒是做成了不少。现在计算机程序语言的发展多多少少与人工智能的研究是有关系的。比如麦卡锡于 1958 年在 IBM 资讯研究院开发出的 LISP（LIST Processing）表处理软件，就成了影响深远、使用广泛的人工智能语言。三是神经网络，就是类似于模拟人的大脑的结构。这个方向跌宕起伏，至今仍然是人工智能的主攻方向之一，并产生了非常多的研究成果。四是计算理论方面。它成了计算机方向的理论基础之

一。五是自我改进。目前看来，人工智能领域里热点研究方向如终身学习、持续学习、课程学习似乎与这一目标都有些关联。除此以外，期望研究的抽象、随机性、创新性等方向，则仍是人工智能研究者们一直在探索但成果不显著的方向。

另外，关于人工智能的命名，还有两个有趣的故事。一是达特茅斯会议上，艾伦·纽厄尔（Allen Newell）和赫伯特·西蒙（Herbert Simon）建议可以用"逻辑理论家"来命名，但最终麦卡锡说服了与会者，接受了"人工智能"作为本领域的名称。二是，美国数学家诺伯特·维纳创作的书《控制论》在1948年出版时，书的副标题叫"关于在动物和机器中控制和通信的科学"。而书名的英文是 *Cybernetics*，该词源于希腊文 Kubernan，意思是"管理人的艺术"。维纳在此书中，希望从信息的角度来讨论人类的思维活动。不过，该书在翻译成中文时，书名被确定为《控制论》，后来成了自动化学科的主攻方向。但事实上，从书名本身来看，也可以翻译成人工智能。如果是后者，也许我国的计算机和自动化专业就不会像现在这样，差别很明显，甚至有可能目前热门的人工智能学科，还属于自动化专业呢。

跳棋和国际象棋
挑战人类智能

参加达特茅斯会议的十位科学家中，有两位是研究棋类比赛的，他们是来自 IBM 的亚瑟·塞缪尔（Arthur Samuel）和亚历克斯·伯恩斯坦（Alex Bernstein）。他们一位研究跳棋，另一位研究国际象棋。

为什么研究下棋呢？实际上，就当时人工智能的理论水平以及计算机拥有的算力来看，选择下棋作为切入口是比较合适的。原因有三：一是下棋游戏一向被认为是高智力游戏。如果能战胜人类棋手，那表明计算机在这一方面的"智能"强于人，也意味着人工智能有了重大突破；二是多数人认为人在下棋过程中是采用规则来快速判断的。比如"如果棋手 A 下什么棋，棋手 B 则应该有相应对策"的规则；三是用基于规则的方式编写的程序，相对于人工智能其他任务来说，比较简单且好实现，因为全部都是规则。

计算机下棋程序就像是碰到有很多分岔的路口。根据当前的棋局情况，自动判断哪条路更适合走。有的时候，要做些预判。即根据更多连续的分岔路口的情况，在分析各种可能的路径后，进行总结归纳后形成决策。但这些简单的规则，处理起来相对方便。另外，它对存储的要求也不高，因为基于规则的方式，不需要计算机存储大量的已有棋局。

而被选为人工智能研究的下棋游戏之一，跳棋相对来说，更容易通过编程实现。因为它的游戏规则本身很简单。比如国内常玩的六角星棋盘，规则主要是三条：首先需要借助一个棋子作为节点，然后等间隙跳越或连续跳越，或者一步一步挪动。最后，当全部棋子优先进入对面的角时，则胜出。该游戏玩起来也很方便简单，尤其是只有两方对决时。

但要战胜人类棋手，这里涉及人工智能在未来若干年内都一直会用到的技术："搜索"，比如在互联网里搜索信息。这个搜索需要进行一定的计算。虽然是跳棋，但究竟下多少步能赢，需要估计。

每一步如何走，也要从很多步中选优。前者意味着深度搜索，后者意味着宽度搜索。以当时的算力，是无法预知多少步后能赢的，因为到一定步数后算力可能就会崩溃。所以，就有了依赖经验来缩小包围圈或搜索路径的启发式搜索，也就有了针对深度优先搜索和宽度优先搜索的多种启发式策略。而且，考虑到人类棋手也想赢，还需要思考人类与计算机之间的博弈，于是有了极大极小搜索策略，即人类或机器都会在尽可能让自己赢面更大的前提下，让对手得分最少，虽然这是一种最坏情况的搜索。

基于搜索，在跳棋上，人工智能科学家们取得了不错的进展。比如塞缪尔设计的跳棋程序，它能从棋谱和实战两方面学习和提升棋艺。在 1959 年，塞缪尔设计的程序还把塞缪尔打败了，而 1962 年这个程序又战胜了美国一个州的跳棋冠军。这被认为是人工智能的一个重大突破。

当时的人工智能科研环境还不错，大家都很乐观地估计，不出三五年，人工智能程序就可以轻松战胜国际象棋棋手了。但实际上，更为流行的国际象棋的规则，要复杂多了。

以至于大家未曾想到的是，等待了约 40 年后，直至 1997 年，才真正有了战胜世界级国际象棋棋手的超级电脑——"深蓝"，而在围棋上能胜出的人工智能则更是在此基础上延后了 20 多年。

数学定理证明
计算机居然能做证明题

让计算机扮演数学家的角色，来证明数学定理，也被认为是高级人工智能的一个标志。所以，在"初创期"也有不少科学家是从这个角度来研究人工智能。

在达特茅斯会议召开之前不久，1956 年纽威尔和西蒙编制的程序"逻辑理论家"（Logic Theorist），成功地证明了罗素（Bertrand Russell）和其老师怀特海（Alfred North Whitehead）合写的《数学原理》第二章里的 38 条定理，并于 1963 年将第二章里的全部 52 条定理都完成了证明。由于他们在此方面取得成功，所以 1956 年达特茅斯会议时，他们曾建议将人工智能这个方向命名为"逻辑理论家"。

关于定理证明，实际上在更早的 1954 年，马丁（Martin）和戴维斯（Davis）也设计了算术方向的定理证明程序，但未发表。到 1958 年时，美籍数理逻辑学家王浩将《数学原理》中有关命题演算的全部 220 条定理，都进行了证明，且程序在当时的 IBM704 计算机上仅用了 3~5 分钟就执行完成。另外，他还在数理逻辑的一个命题上提出了著名的"王氏悖论"。因为王浩在数学定理机械证明方向的开创性贡献，1983 年人工智能国际联合会议（International Joint Conference on Artificial Intelligence）授予其首届"里程碑奖"（Milestone Prize）。

几何定理自动证明
年龄最大的程序员

除了王浩对数学定理的机械证明，我国学者吴文俊对几何定理的自动证明也在人工智能历史上具有里程碑意义。

对拓扑学家来说，带手柄的咖啡杯与中间空心的甜甜圈是分不

这两个物体有区别吗？

清的，因为两者都只有一个洞和一个连通的实体，且两者可以在保持这种洞和连通实体数量不变的前提下自由转换。但世界上还有更多具有更复杂拓扑性质的结构，要理解和分析它们，需要难度很高的数学理论。

吴文俊院士原本是研究拓扑学的。在 20 世纪 50 年代左右，提出过"吴示性类""吴公式""吴示嵌类"等重要成果，被获得过数学界最高奖"沃尔夫奖"的华人学者陈省身高度称赞过。他因为在拓扑学的成就，38 岁就当选了中国科学院院士。不过，吴文俊并未满足于现状，在年近花甲时，于 1977 年又转行到人工智能研究上。

通过对中国传统数学的研究，他发现中国的传统数学强调构造性和算法化，偏好用各种原理的形式来表述从科学实验和实践中获得的结论。他认为，可以将这些技巧推广，用于几何定理机器证明。通过借鉴传统数学中几何代数化的思想，即将命题中几何图像的点赋予恰当的坐标系，再根据条件和结论转换成与坐标相关的多元非线性代数方程组，最后几何定理证明就变为判断条件方程组的解是否符合结论方程。

因为方程是非线性的，一般无法以解析形式求解。吴文俊发明了多元非线性代数方程组求解消元法，即"吴特征列方法"，来判定条件方程组的解是否是结论方程组的解。"吴特征列方法"可以通过计算机进行符号计算实现的，是高度机械化的，他因此实现了高效的几何定理机器自动证明。

值得一提的是，最开始研究时，电子计算机在国内并未普及，吴文俊也不熟悉计算机的操作，他通过纸笔手算，来模拟计算机演算进行大量的计算，验证其方法的可行性。后来到了能真正使用计算机时，为确保程序的可靠性，他会亲自编程。他还笑称自己是他们机房里年龄最大的程序员。

他用这套方法证明了初等几何的大部分定理，也证明了微分几何中一些重要的定理，甚至还能发现新的定理。比如吴文俊还曾用计算机程序从开普勒定律自动推出牛顿定律。后来，他还将该方法用于更一般的方程机器符号求解中，并应用于机器人运动学求解、曲面造型等问题。

通过长时间的摸索，吴文俊最终开创了一个具有强烈中国特色的数学机械化研究与应用新领域。在国际上，数学机械化曾一度掀起关于几何定理机器证明的研究与应用的高潮，在力学、天文学和物理学等领域都有相关的应用，也被用于计算机视觉、智能计算机辅助设计、并联机器人、数控机床等高技术领域。

数学机械化被认为是自动推理领域的先驱工作，使得该领域的研究从进展甚微到变为自动推理界最活跃与成功的领域之一。而吴文俊也因此于 1997 年获得"Herbrand 自动推理杰出成就奖"。他是在现代定理证明的重要奠基人约翰·罗宾逊（John Alan Robinson）之后和杰拉德·休特（Gérard Huet）之前获得这个重要奖项的，也是第四位拿到此奖的学者。这与吴文俊做出了同样重要的成果是分不开的，也与华人逻辑学家王浩积极向西方科学界推广吴文俊的方法有关系。

2000 年，基于其对拓扑学的基本贡献和开创了数学机械化研究领域，吴文俊成为国家最高科学技术奖设立以来的首位获奖人；

2006 年，获得有东方诺贝尔奖之称的邵逸夫奖；2019 年，在中华人民共和国成立 70 周年之际，吴文俊还被授予"人民科学家"的国家荣誉称号。

中国人工智能界为纪念他，于 2011 年设立"吴文俊人工智能科学技术奖"，以奖励在智能科学技术领域取得重大突破和贡献的科研工作者。目前该奖每年颁发一次。

海战悖论背后的多值逻辑
逻辑不止 0 与 1

中国在自动机理论与人工智能研究方面的开拓者当属中国科学院院士、吉林大学教授王湘浩（1915—1993）。他原本是学数学的，1933 年 18 岁在北京大学读算学系（数学系），抗战期间在西南联合大学任教，1946 去美国求学，1949 年在美国普林斯顿大学获博士学位。王湘浩研究代数学，曾解决过近世代数中的重要命题——迪克森（Dickson）猜想。这个命题曾于 1931 年被证明过，称为格伦瓦尔定理，当时以为这事就结束了。但却被王湘浩发现了其中的错误，并举出了反例，以至于引起了代数学的一次危机。他在博士论文中又对原证明进行纠正和推广，因此后人将证明此猜想的定理称为格伦瓦尔—王氏定理。回到中国后，他继续研究代数学，并做出了国际公认的贡献。

1958 年，他开始计算机和与人工智能密切相关的控制论方面的研究。其中一个研究方向是 20 世纪 20 年代初由波兰逻辑学家卢卡西维茨（Jan Lukasiewicz）和美国逻辑学家波斯特（E.L.Post）创立的多值逻辑（many-valued logic）理论。该理论是期望解决古希腊哲学家亚里士多德提出的海战悖论。亚里士多德在其《解释篇》中曾研究过未来偶然事件的问题。他通过分析海战的例子后，认为未来事件的发生不应该是必然的，而是可能或不可能的。这与经典逻辑中的"一个命题中只能取真假二值之一"相矛盾，故称为海战悖论。

多值逻辑想解决的就是这个悖论问题。它认为命题可能不止一个真值，也可能有多于两个可能的真值，甚至有无穷多值。如三值逻辑，可以用 0 表示已知真，1 表示可能真，2 表示已知假。研究这类命题之间逻辑关系的理论，是一种非经典逻辑，称为多值逻辑。但与经典逻辑相同，它也能通过公理方法系统化后，通过利用如析取、合取等联结词，形成演算系统。

在计算机科学和人工智能中，多值逻辑的情况很普遍。

从数学上讲，一个理论具有完备性才有其持久的生命力。而王湘浩当时探索了多值逻辑中的函数完备性问题。他将苏联科学家找到的三值逻辑完备性问题的解，通过"保 n 项关系"，扩展到 n 值逻辑，1964 年，其学生解决了 n 值逻辑的完备性问题。但比较遗憾的是，因为"文化大革命"，这一成果未发表，尽管实际比国际公认解决这一问题的罗森贝格定理早了 6 年时间。

　　20 世纪 60 年代，他转入到自动机理论的研究上，通过利用其提出的代数方法，解决了其中的因子分解问题。从 1977 年开始，他又开始研究定理机器证明，针对归结方法的取因子问题，提出广义归结方法，从而将以往的普通归结方法和非子句归结方法合二为一。后在归结方法和自然推导法的基础上形成一系列成果，并建立多个使用启发策略的定理证明系统，为定理机器证明做出了重要贡献。

　　值得一提的是，王湘浩也是中国最早提出要开展人工智能研究的学者之一。他曾在 1980 年受教育部委托，举办全国性的人工智能讨论班，随后成立了全国高校人工智能研究会。

框架理论与情感机
明斯基理解的智能

让我们再回到达特茅斯会议。和麦肯锡一起发起并参加了达特茅斯会议的，还有一位科学家叫马文·明斯基。他曾于 1969 年获得过首届图灵奖，是第一位获得此荣誉的人工智能学者。

他的主要研究方向不是基于规则的人工智能，而是神经网络。不过，他后来对神经网络的再思考，却直接让整个神经网络的研究进入很长一段时间的低谷，这是后话。

1946 年明斯基在哈佛大学主修物理，后又改修数学，1950 年毕业后去普林斯顿大学继续攻读研究生。他是多层感知机（MP）模型提出者麦卡洛奇和皮兹的学生。1958 年他与麦卡锡一起在麻省理工学院共同创建了世界上第一个人工智能实验室。

在他的研究中，有两项工作是值得一提的。一是他于 1975 年首创的框架理论（Frame Theory）。这一理论比较有意思的观点是，他将我们看到的事物、概念或对象都用框架的形式来表述，比如汽车。然后每一个框架可以由多个槽（Slot）或子类组成，如汽车包括多种不同的特性，它可以看成是交通工具，也可以由不同的车辆

类型组成。再往下，汽车又由多种零部件如车轮、方向盘、车身等组成，依此类推。从认知上看，框架理论与人们对事物的认知有一定程度的吻合。而从人工智能的发展历史来看，后期出现的构建词典形式的研究方向，如本体论（Ontology）和知识图谱（Knowledge Graph），或多或少都有框架理论的影子在其中。

明斯基另一项比较有意思的工作，是他写了一本书——《情感机器》。情感，一直是维系人类自我感知、相互感知的主要成分。尽管人工智能领域有专门研究情感的方向，比如人脸表情识别、微表情识别以及文本上的情感分析等，但情感究竟是如何形成的，它在大脑里的哪个部分被存储和学习，它又是如何控制人类的行为处事，却并没有一个明确的结论。事实上，我们现在研究的情感识别中，把情感强行分成固定的几类来分析，本身也并不是完全符合情感的实际表达情况。比如，人类的笑就能分出"开怀大笑""喜极而泣""皮笑肉不笑"等细分类别。而明斯基很早就意识到情感的重要性，并在《情感机器》里表达了他对情感的看法和观点。虽然书中有很多新颖且有趣的内容，但是他的观点并不适合程序化，也只能视为解谜情感的一种可能性，并非终极答案。

物理符号系统假设
早期人工智能的重要假设

物理符号系统假设（Physical Symbol System Hypothesis，简称 PSSH）是艾伦·纽厄尔和赫伯特·西蒙于 1976 年提出的关于认知科学基础的假说。他们认为，物理符号系统具有充分且必要的手段来进行通用的智能行为。"必要"的意思是指任何智能系统均可看成是物理符号系统。"充分"则是指该符号系统进行适当组合后，能够产生智能。该假说强调此系统要满足物理学定律。同时，符号系统包含由符号组成的结构，以及在此结构上进行的运算过程，如创建、修改、删除和复制等。其中，符号结构是由个例组成，且相互之间以某种物理的方式相关联。比如一张照片，如分成若干小块，那么每个小块可以看成是一个个例或符号，而小块之间的关联由他们的空间位置和相邻关系来决定。再比如在围棋中，符号是棋子，而下棋的过程则是符号上的运算过程。

纽厄尔和西蒙相信，知识的基本元素是符号，而智能的基础是知识。这个假设表明，如果人类思维能看成是一个物理符号系统的话，那么机器同样可能拥有智能。

　　虽然它能在一定程度上反映智能的行为表现，但并非无懈可击。在该假设提出后不久，一些科学家批判了其合理性。举例来说，美国哲学家休伯特·德雷福斯（Hubert Dreyfus）认为其不能描述人类的快思维和直觉，因为其中蕴含了人类无意识的本能活动，而非有意识的符号处理。人工智能领域的开创者之一，斯坦福大学计算机系首位 Kumagai 教授[1] 尼尔斯·约翰·尼尔森（Nils John Nilsson）则认为，人工智能需要考虑非符号的处理模式，如类似于联结主义或深度学习的结构。实际上，塞尔提出的中文屋也表明，机器不一定真正理解符号的意思。

1　Kumagai 教授的荣誉称号是由日本 Kurmagai Gumi 公司（熊谷组）捐赠的，旨在表彰土木工程、材料学、机器人技术、建筑业等领域的优秀教授。

随着人工智能的研究深入，曾经是早期人工智能的重要假设——起到重要作用的物理符号系统假设，由于不能处理一些无法形式化的问题如常识智能、情感等，逐渐淡出主流人工智能研究的视线。

机器翻译
人类自由交流的保障

人工智能在初创期间，取得了很多显著的成果，其中一个有代表性的方向就是机器翻译（Machine Translation），因为它一直是人类的终极梦想之一——可以帮助不同语言体系的人实现无障碍的自由交流。所以，计算机一出现，科学家们就着手研究机器翻译。

1943 年 7 月，洛克菲勒基金会的自然科学分部主任沃伦・韦弗

（Warren Weaver）给维纳写信，认为要维持地球未来的和平安定，有必要设计一台能翻译的计算机，以解决人们的交流问题。他建议先从语义上困难较少的科学材料着手，将翻译看成是加密和解密的过程来进行研究，然后可以用目标语言最合适的字词来取代源语言的字词。他因此被认为是机器翻译的鼻祖。

第一次机器翻译的演示则发布在 1954 年 1 月 7 日。当时，美国的乔治敦大学和 IBM 公司合作，在"710 计算机"上成功地用机器翻译将 60 个来自政治、法律、数学和科学领域的俄语句子翻成了英文。此次演示被视为是机器翻译的开端。

此次演示的成功，使得随后的十年，政府与企业都投入了大量的资金，期望机器翻译取得大的突破。但 1966 年，自动语音处理顾问委员会提交了一份报告，认为十年来的进展缓慢，未达到预期效果。随后，在机器翻译方面的投入大为减少。

总的来看，机器翻译的研究经历了三个主要阶段。最早是自然语言学大家乔姆斯基提倡的、基于语言规则和语言学的翻译方式。到 20 世纪 90 年代，让位于人工智能领域偏好的、基于大量语料的统计机器翻译。到 2012 年之后，随着深度学习的快速发展，又让位于神经网络机器翻译。机器翻译在对语言的理解能力上，也从基于词的机器翻译过渡到基于短语的翻译，同时还进一步融合句法相关的信息，从而在机器翻译精度上取得显著的进展。

SHRDLU 和 SHAKEY
积木世界与机器人

除了机器翻译，机器人也是人类一直想创造的智能体。不过，在人工智能最初阶段，一上手就做实体、做复杂任务是不太靠谱的。所以，人工智能科学家们把任务简化，转成儿童常玩的一类游戏——积木。在积木世界里，模拟人类可能进行的一些操作。

最早的一个"虚拟机器人"叫 SHRDLU，这个字母排序可能是用来纪念早期报纸印刷用的铸字机。宛如管风琴大小的铸字机被使用近 127 年，直到 1978 年 7 月 1 日才停止工作，改成排字机印刷。换印刷机那天，一位名叫 David Loeb Weiss 的编辑打下一行字"Farewell，Etaoin Shrdlu"以示告别和纪念。其中 Etaoin 是铸字机上第一行的字母，Shrdlu 是第二行上的。

而以此命名的 SHRDLU 系统，是 1971 年由斯坦福大学博士生特里·威诺格拉德（Terry Winograd）开发的。该系统要完成的任务，是将多个积木从初始状态变换到目标状态。比如益智游戏汉诺塔这样的任务，要将一个位置的多个积木通过中间的柱子，挪到另一个柱子上，同时保持积木的大小排列顺序在目标区不变。

SHRDLU 是在模拟环境下操作的，它有可帮助积木移动的虚拟机械臂，它也有比 ELIZA 更为强大的自然语言理解能力。在当时的效果还是不错，也被人们认为是人工智能领域一个影响巨大的里程碑工作。然而，因为没有考虑自然环境的复杂性，它实际是无法被推广到真实世界里的。

而在 1966 年到 1972 年期间，斯坦福研究所展开的 SHAKEY 项目，则是人类首次研发的能够移动的实体机器人。虽然处理的问题似乎与 SHRDLU 是相同的，也是在办公室环境里移动各种类似于积木的盒子。但因为面临的是真实环境，要处理的细节麻烦得多。为了解决实际环境可能面临的问题，SHAKEY 专门安装了一台摄像机和一个激光测距仪，来识别它与其他目标的距离。另外，还安装了防撞传感器，来辅助任务的完成。

为了能让机器人有计划、有序地执行搬盒子的任务，该项目还设计了一套人工智能规划系统——Stanford Research Institute Planning Solver（简称斯坦福研究所规划解决系统 STRIPS）。这套系统也是规划领域的鼻祖。另外，SHAKEY 项目还产生了一个人工智能领域非常著名且经典的（由尼尔斯·尼尔森及同事提出）启发式搜索算法 A*。

即便如此，在当时的算力下，执行一次这样的任务，耗时也相当长。因此，启动系统对环境进行学习和规划任务，就得 15 分钟。另外，从成本上考虑，要做一个真正的机器人出来，那真是一个系统工程，不是小规模的研究机构玩得起来的，既烧钱也需要场地。这也是在人工智能初创期，研究机器人方向的团体少之又少、机器人制造业也极不活跃的关键原因。

　　不过，有了SHAKEY这样的雏形，随着时间的推移和制造成本的下降，机器人行业还是慢慢发展起来，尤其是工业机器人的发展十分迅猛。近年来，在各行各业中已经得到广泛应用。

第2章　人工智能的初创期（1956—1980）

感知机
神经网络的雏形

　　达特茅斯会议一年后，也就是 1957 年，人工智能界出了一项当时轰动性的成果，那就是罗森布拉特（Rosenblatt）提出的感知机（Perceptron）模型。它可以看成是神经网络，乃至于目前流行的深度神经网络的鼻祖，也是 MP 神经元模型首次程序化后的模型。

　　这个模型现在看是比较简单的，但在当时备受瞩目。粗略来说，感知机是在 MP 神经元模型的基础上增加偏置项，形成线性超平面分类器，然后再通过硬阈值划分来实现两个类别数据的分类判别。

　　以分别撒在豆腐两边的花生和葱花为例。线性的意思，可以理解成一把笔直的刀子，它可以把一块豆腐任意切成两部分。而偏置项则是为了防止这把刀子每次都必须经过豆腐所在坐标轴的原点或中心点，以增加感知机划分的灵活性。硬阈值则是直接判断切好的豆腐后，哪边是花生，哪边是葱花。而至于在哪里、哪个方向来切豆腐，以保证花生和葱花分得清楚，则可以通过标记好是花生还是葱花的两个类别的数据来学习获得。

　　这个模型是直观的，而且还从理论上严格证明它向真实答案收敛的情况，即 Novikoff 定理。粗略来说，如果数据是线性可分，该证明明确了大概要做多少次学习，或者说需要多少个样本，就能把原本分错的花生和葱花最终全部正确分类。

　　所以，这个模型在当时看上去很完美。因为既有可实现的算法，又有理论保证。而且这个支撑理论，后来还成为 20 世纪 90 年代流行的统计机器学习的基石。

　　因此，感知机出来后，便掀起了神经网络的研究高潮。罗森布拉特本人也因此得到了大量的经费支持，一度踌躇满志，意气风发。

神经元细胞的方向性
探索猫脑

除了模拟 MP 神经元的功能，人类也在尝试了解通往大脑中枢各个通道上神经元细胞的功能。一个最自然的想法，是探索视觉通道各部分的能力都是什么，因为视觉是人类和地球上大多数动物赖以生存的必要感知器官。人类对世界的理解也是从感知到认知。对正常人来说，视觉是绕不开的一个环节。

而从眼球到大脑视觉中枢，经验上认为存在五层，其中直接连接眼睛视网膜的是外侧膝状体层（Lateral Geniculate Nucleus，LGN）。不过，要了解 LGN 层的能力，直接探测活人的大脑是不可行的，因为涉及伦理道德问题。所以，只能找替代的动物来做相关的实验。

1958 年，约翰霍普金斯大学的托斯坦·威泽尔（Torsten Nils Wiesel）和大卫·休伯尔（David Hunter Hubel）用猫研究了这一问题。他们在猫的后脑头骨上，开了一个约 3 毫米大小的洞，向里面插入电极到 LGN 位置，以检测神经元的活跃程序。他们发现，在给猫展现不同形状、亮度的物体时，特定方向的光条会让电极产生强的电响应。而且，将该方向的光条平移播放，也不会引起响应大小产生明显变化。但如果将方向进行变换后，则响应会衰减。

由此，他们推断，LGN 层的细胞具有方向敏感性，且有平移不变的特性。随着研究的深入，科学家们又发现 LGN 层不同细胞的角色是不同的。有些是负责"看"方向，有些负责"辨"颜色。概言之，LGN 起到把原来复杂的视频信号分解成简单部件的作用。1985年，威泽尔和休伯尔因这一成果获得了诺贝尔生理学或医学奖。而这一发现，也给人工智能研究以重要启迪，即我们在研究与智能相关和神经网络相关的问题时，可以遵循将复杂问题分解再拼装的方式。

视网膜的启示和新认知机
学习视觉里的智能

除了视觉通道上的 LGN 外，另一个被广泛研究过但至今仍有很多谜团未解的，是眼球上的视觉。这里一直是达尔文进化论支持者和反对者角力的场所。反对者认为，视觉系统的组成部分缺一不可，那没有用的半成品有什么用呢？比如没有晶状体的眼睛。但这却似乎是进化过程中不可缺少的一步。比如用于感光、处于视网膜上的视锥细胞和视杆细胞前面，还有一层用来提供营养的膜。但膜加上去后，感光细胞就不能直接感受光线。这一点也被反进化论的人攻击，因为按进化论的原则，这层膜起的是负作用，应该在进化中被淘汰。

而进化论支持者则认为目前的视觉并非完美的，这恰好验证了我们的视觉是通过进化获得的。

在视觉系统里，与人工智能相关的，是眼睛后端视网膜的结构。视网膜上的视锥细胞主要集中分布在中央凹处。这里是光线通过眼球的晶状体聚焦后，到达视网膜上主要感光的位置。它负责帮助人们看清楚外界环境和目标的细节。而在中央凹以外，沿视网膜

分布的则主要是视杆细胞。从其名字也可以猜出，它的视觉感知头不是那么尖，看不到太多细节，但它也有其他本事，就是能帮助人类看清运动目标，还有晚上的视觉也主要靠它。而这两类细胞在连到视觉通道下一层时，还有个有趣的特点，就是视锥细胞是一一对应地联接过去的，而视杆则是多对一向后联接的。可以这样理解，感光细胞把感受到的信息"汇总"，简单"总结"后再输出到下一层。

视网膜神经细胞的连接结构，加上 LGN 具有特定功能的特点，在某种程度上，激发了新型神经网络的提出。

1975 年，日本科学家福岛邦彦（Kunihiko Fukushima）提出认知机的概念，后于 1979 年又改进成新认知机（Neocognitron）。两个版本的神经网络略有些不同。但在结构设计上，有些异曲同工。即在神经网络的层与层连接中，形成了由简单到复杂的结构，再将"复杂"部分通过局部的总结获得下一层的"简单"，再从简单结构通过不同过滤器来提取复杂的结构。虽然这个网络设计模拟了视觉通道的结构，向人类视觉的模仿迈出了重要一步，但由于缺乏好的训练方法，在最初的人工智能研究中并没有引起太大的轰动。直到1990年以后，由杨立昆（Yann LeCun）改良成卷积神经网络，才有了显著的性能提升。

第一次人工智能寒冬
明斯基对感知机的否定

话说罗森布拉特在研究神经网络时，因感知机的提出得到大量的支持，科研经费拿到手软。然而，这并不意味着其方法就是十分有效的。之前参与达特茅斯会议的马文·明斯基教授，在认真思考了当时神经网络的研究状况后，与西蒙·派珀特（Seymour A. Papert）于1969年合写了一本书《感知机》（*Perceptron*），在这本书中，他认为罗森布拉特提出的感知机有个致命的缺陷，就是不能解决异或问题。

什么是异或问题呢？假设这里有四颗来自两个不同类别的棋子，把两个类别的棋子分别连线的话，就像一个十字形状。但是，如果想用一根直尺画一条线，把这四颗棋子分成直线的左边一类、右边是另一类，显然是不可能的。而罗森布拉特提出的感知机处理分类的方式，恰好可以类比成用一条直线来将数据划成两类的做法。所以，自然对这个异或问题无能为力。

但直觉上，这应该是智能领域里一个非常简单的问题。如果这个问题都解决不了，怎么可能解决更复杂的人工智能问题呢？

然而，依照当时的人工智能基础，罗森布拉特也想不出好的办法来回答明斯基提出的这一问题。罗森布拉特因此大受影响，他的研究也远不如以前能得到广泛关注和支持了。失意之余，有一天他去湖边划船，不知何原因，就此失踪了。

人工智能极简史

人工智能的海市蜃楼
莱特希尔报告

　　一个巴掌拍不响，事实上，在当时，不仅感知机碰到问题，其他人工智能的相关研究都出现了问题。

　　比如人们以为计算机在 10 年内会成为世界象棋冠军，但实际上，在 1956 年世界象棋冠军荷尔曼（Helmann）与塞缪尔（Samuel）设计的下棋程序对弈了四局，荷尔曼取得全胜。另外，数学定理证明，用的是 1965 年罗宾逊（Robinson）发明的、被公认为计算机定理证明方面重大突破的消解法。但在证明两个连续函数之和是连续函数方面，即使推算了十万步也没成功。而机器翻译，则是差得离谱，经常把文字翻译得面目全非。一个原因是，把问题想简单了，以为有一部双向字典和了解某些常用的语法知识，就能实现自然语言的互译。但实际上，自然语言中的变化非常复杂，机器翻译至今也没有完全弄明白。

　　而且，当时极为有限的计算能力也不足以支持实现人工智能的宏伟目标。有人比较过人的大脑与当时的计算机算力的差异，发现要模拟有 10^{10} 以上数量的神经元的大脑，可能需要同样规模的机器

才能做到，但当时的算力显然是不可能做到的。

这与一开始对人工智能过分乐观的期望完全背道而驰，也使得人们对人工智能的发展大失所望，甚至有不少人开始将人工智能视为骗局。1973 年，英国著名应用数学家詹姆斯·莱特希尔（James Lighthill）更是认为"通用机器人是海市蜃楼"。在应政府要求撰写的著名的莱特希尔报告中（实际是篇论文，名为《人工智能：一个通用的综述》，但常简称为莱特希尔报告），他表达了对人工智能前景的失望，他认为组合爆炸是人工智能领域无法解决的关键问题之一。报告也认为，人工智能即使不是骗局，也是庸人自扰。

这导致了第一次人工智能寒冬（从 20 世纪 70 年代初到 80 年代初的十年）的出现。而这次寒冬最直接的后果很严重。比如，英国在人工智能方面的经费支持严重削减，美国也不再对人工智能相关的国家自然科学基金进行资助。很多曾经以人工智能为研究方向的科研工作者也不愿意提及自己是做这个方向的，在申请各类人工智能相关项目时，也尽量避免使用人工智能的名头。

所以，即使到 2012 年后，人工智能再次掀起第三次热潮，仍然有一些科学家心有余悸，担心历史重演。

专家系统
学习人类智能

在人工智能初创期，数据的收集和计算机的算力都相对有限。所以，大家首先想到的策略，是寻找一些易于计算和编程的方法。

而基于规则的方式，相对容易实现，且和人的一种思考模式，即快思维，比较相似。因为人类在做很多决策时，也是不需要经过特别缜密的思维。比如平时的走路，人不会过多去关心地面的具体细节是什么，比如道路是水泥地，或是土路，还是铺了地面砖的路面。平时出行的时候，看到晴空万里，就不用考虑带上雨具。过马路，红灯停、绿灯行、黄灯做准备。这些都是平时生活积累下来的简单规则。它让人类能够快速地对日常事务做出反应。只要条件满足，执行相应的"如果……那么"的命令即可，比如类似"如果某某会飞，那么是鸟类"的推理。

所以，一些人工智能科学家认为，可以模仿这种思维模式来构造人工智能模型。因此，期望建立一个通用的符号逻辑运算体系，即通用问题求解（General Problem Solving，简称 GPS）。

然而，如果漫无边际地去构建，显然是不太现实的，尤其是在

人工智能极简史

人工智能的寒冬时期更是雪上加霜。所以，要让模型能有好的智能表现，可以把问题限定在一定的范围内。如从现成的知识中向专家学习相关的规则，解决相对狭义而不宽泛的具体问题，就不失为一条捷径。这就是专家系统的由来。

　　一个专家系统的构成，一般包括三个核心模块：知识库、工作存储器和推理机。知识库是用来建立"如果……那么……"的规则，工作存储器则是需要尽量枚举待分辨的目标可能需要哪些符合知识库里的条件，而推理机则是将知识库和工作存储器联接起来进行推理决策，并告知用户结论的关键。当然，用户也可以提供与工作存储器里相似的信息，来帮助推理机进行决策。这些过程都能是双向的、可交互的。

历史上最具代表性的专家系统，当属 20 世纪 70 年代由斯坦福大学布鲁斯·布坎南（Bruce Buchanan）主导的人工智能研究小组和特德·肖特利夫（Ted Shortliffe）主导的斯坦福医学院研究小组联合研发的 MYCIN 系统。该系统的命名源于抗生素的英文后缀名（可能是嘌呤霉素，Puromycin）。

该系统耗时 5 年时间，将人类专家对血液疾病的知识进行总结，形成了数百条 MYCIN 格式的规则。另外，该系统的推理过程是可解释和复现的，因此，它是一种能让用户相信、医生也愿意使用的"白箱"系统，而不像神经网络那样是不具备可解释性的"黑箱"系统。为了解决用户提供信息不全或不准确的问题，MYCIN 也引入能帮助对某些信息进行确定或不确定判断的技术。

因为有大量医学专家的参与，这个为人类血液相关疾病提供辅助医疗的系统是成功的。在 1979 年的 10 个血液疾病的诊断中，MYCIN，这个人工智能专家系统首次展现了高于普通医生平均水平的能力。除此以外，1982 年美国匹兹堡大学的米勒等研发的 Internist-I 内科计算机辅助诊断系统在医疗诊断领域也非常著名。

另一个在人工智能历史上非常有名的专家系统，是 1965 年由爱德华·费根鲍姆（Edward Feigenbaum）、布鲁斯·布坎南等人工智能专家与化学家雷德伯格（J. Lederberg）在斯坦福大学研发的 DENDRAL 专家系统，其命名是源自古希腊语"树"。该系统耗时 3 年时间，于 1968 年完成，目的是利用规则来表示知识系统，以便用比人工更短的时间列出所有可能的分子结构，从而帮助化学家更好地筛选特定物质的分子结构。

　　随着这些系统的出现，后来有各式各样的专家系统被提出。不过，专家系统有个问题，不能很好地处理例外。比如看病，总有一些病情可能是因为意想不到的原因造成的。因为规则有可能是无穷无尽的，最终就会因为组合的可能性太多，导致"组合爆炸"的问题。结果，专家系统在规则不能完全覆盖所有可能，同时计算资源偏弱时，容易出现各种无法决策的问题。所以，长期以来，这一方向很少在人工智能领域占据压倒性的主导地位，反而是因为其过于注重技巧、过于受启于一些人为的规则定义，而不太受主流团体的喜欢，后来其影响力远不如人工智能其他方向的研究成果。

　　但是，值得一提的是，在人工智能最初的发展阶段，尤其是 20 世纪 80 年代，专家系统曾经风靡一时。它孕育出了知识产业，几乎每周都会有相关的新公司出现。在 1977 年时，美国斯坦福大学

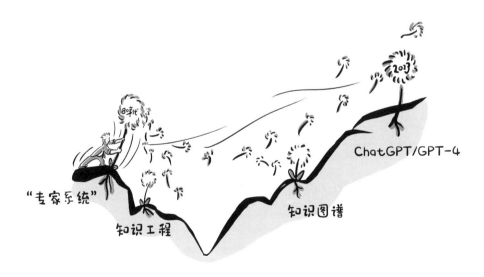

教授费根鲍姆在第五届国际人工智能大会上将这一方向正式命名为"知识工程"。为什么叫工程，据说因为欧洲比较看重工程师，课程设置上都有专门针对工程师的，档次也不低。但不管怎么说，在当时，知识工程被认为是人工智能研究中最有成就的分支之一。而且，知识工程的兴起，也使得人工智能从第一个寒冬中苏醒过来。

人工智能极简史

3

人工智能的分支流派

Chapter Three

*

如果对人工智能研究进行细分，会发现其研究方式各色各样。除了神经网络外，在成长期以前，科学家们偏好从自然界中向一些优秀的生物群体学习，也会从实际应用中去发现问题，甚至还会从数学的悖论出发，思考新的智能理论。

遗传算法
从自然界学来的人工智能

虽然神经网络这块的研究遭遇了重大挫折，但人类在人工智能其他方向的研究还是继续向前推进着。

一个重要的努力方向是向生命的遗传规律学习。自然界的进化是神奇的，就像天上的云彩一样，看上去随机，却美不胜收，我们现在所保护的生物多样性便是地球演化几十亿年的结果。其中重要原因之一，是基因里特有的遗传机制。

自 DNA 的双螺旋结构在 1953 年 4 月被克里克和沃森发现以后，其遗传机制的秘密被部分揭开。其中，基因的选择、复制、交叉、变异或突变是其基本规律。选择是为了能优胜劣汰，满足进化的需要。通常越优秀的基因，活力越强，越容易被选中。复制能将上一代基因中的信息保留并遗传给下一代。比如子女的面容，一看就和父母很像，这就是复制在起作用。

交叉是基因的重组或杂交，方便将父母的信息交叉后遗传给下一代。有的时候小孩能兼具父母双方的优点，这多少说明了优生优育的重要性。

而最后一个是突变，则是促成寻找捷径或形成更优个体的策略之一。当然，它的保险系数不一定高，弄不好有可能会导致畸形儿的出现。所以，为保证整体的稳定性，往往突变的概率会比较低，突变的基因数量也会比较少。

从统计意义来讲，这套遗传机制保证了生存下来的是最能适应环境的物种。因此，人工智能科学家认为，可以利用其中的选择、复制、交叉和变异的基本操作，再加以对目标的评估，来实现对人工智能中待解问题的求解，并将其称为遗传算法。从事这一研究的科学家们相信，只要按自然界的进化方式来执行遗传算法，从理论上来说，总是能找到最优解的。因为对进化方式的理解各有不同，还演化出相当多的变体算法。另外，科学家们更偏好将遗传算法归

本是同根生，为啥她长得"不一样"呢？
基因突变了吧！

类于演化而非进化的框架。因为进化意味着只能往前，而演化则是有进有退。

　　不过，这一套方法主要受启于生命的演化，在数学方面的理论基石相对较少。各种改进的遗传算法，多是通过启发式技术或直观的推测获得的，这让遗传算法这个方向的研究变得独树一帜。

人工智能极简史

蚁群算法
死亡旋涡

  除了学习基因的遗传机制以外，人工智能研究者也关注动物的群体智能行为。而蚂蚁是最早被研究的群体性活动动物之一，因为它们寻找食物的过程，启发了我们设计出最优路径算法。

  蚂蚁在出巢穴寻觅食物时，会在地下留下它的体味，通常称之为信息素。最开始，每只蚂蚁选择的路线是不同的、随机的。所以，体味在各条路线上的强烈程度都差不多。但如果一只蚂蚁找到食物，他会沿自己找到的这条路线反复往返。而其他蚂蚁在见到这只带回食物的蚂蚁后，大概率会跟随其去寻找或帮助搬运食物回巢穴。当越来越多的蚂蚁沿这条路而不是其他路线走时，这条路上的信息素味道就变得越来越强，以至于最后压倒了其他信息素味道轻的路线。结果，蚂蚁的寻觅路线最终会收敛到一个稳定的解。

  科学家马克·多里苟（Marco Dorigo）于 1992 年在其博士论文中，就利用了蚂蚁的这一现象，提出了相应的蚁群算法，随后也得到了大量科研人员的关注和跟进。它是建立在个体随机，但整体可以表现出智能行为的基础上的。与遗传算法类似，它也没有太多的数学背景，从启发式、随机性开始，但最终能够收敛到最优解。

当然，这个算法也不是完美得没有漏洞。比如，懒蚂蚁效应，一些看上去不从众、整日无所事事的蚂蚁，会在群体失去食源时，挺身而出，带领蚁群向它们发现的新食源转移，原因是看似的"懒"实际上是在"侦查"和"研究"。另外，如果有只蚂蚁在搜索过程中一直在原地打转，且这只蚂蚁的地位又比较高的话（比如领头蚁），则有较大概率导致后来出现的蚂蚁也会跟随这只蚂蚁继续绕圈。由于信息素的味道是可以叠加的，这使得圈上的信息素浓度远强于其他路径，以至于最终会出现蚂蚁乱圈（ant mill）的现象。其结果就是，蚂蚁因为走不出这个"蚂蚁死亡旋涡"，最后会有大量的蚂蚁因饥寒交迫而死掉。

这可以引申为是"蚁群算法"存在的程序错误（Bug）。

它们怎么还在原地打转啊？

仿生智能
万物有灵

　　既然蚂蚁的群体智能可以学习，那么能否向其他生命学习呢？显然是可以的。所以，在人工智能研究的历程中，有一支分支是着力于仿生算法研究的。

　　举例来说，鸟群算法（又名粒子群算法）是仿生算法中最具代表性的一个，于 1995 年由两位科学家肯尼迪（Kennedy）和艾伯哈特（Eberhart）提出的。他们观察鸟的觅食行为，发现当鸟群附近只有一块有食物的区域时，鸟会从最初的随机飞行，最终转变成整个鸟群共享各个鸟的位置和飞行速度，并形成能最方便逼近食物位置的群体飞行策略。在这个过程中，每个鸟就像是一颗粒子，而鸟群就像一个粒子群一样。它们通过个体的随机飞行和信息的共享，最终获得群体的最优解。

　　当然，可以学习仿生智能的群体动物还有很多，也不只限于寻找最优解，还有多种多样的目的。比如小鱼为了不被捕食者吃掉，有时会组成一个有较大形体的鱼群，以此形态来误导捕食者，让其以为这是条更大的鱼，而不敢贸然攻击。然而，这种策略，如果碰

到高段位或高智商的动物时，可能又会是作茧自缚。比如虎鲸（杀人鲸），就特别善于用围捕的方式将待捕食的鱼聚成群体，然后一口吞下。而且，杀人鲸的这种捕食能力，是能够逐代传承的。而座头鲸，为了方便自己能大口吃鱼，甚至会在鱼群下方以螺旋状吐气泡，形成圆形的气幕大网，再在上升中完成泡泡网或气幕捕鱼。

其他动物的智能行为，也有不少科学家在继续研究，比如狼群、雁群等，毕竟生命皆有智能，只是程度不同而已。这些都可以纳入仿生智能这个流派的研究框架里去，在这里就不一一赘述。

关联规则
啤酒与尿布

　　问题求解与推理中，有一种情况是希望以因推断果。但有的时候，两件事之间并非因果关系，而是存在相互关联的关系。比如，曾经发生在沃尔玛超市的一件销售案例，就体现这种关联性。

　　在超市里面，通常摆放着各种各样的商品。为方便顾客能快速找到想要的商品，一般会分门别类地放好。但顾客往往不会只买一件。如果能把顾客想买的多件商品放一起或相邻近的货架上，那也就意味着超市能更好、更方便且更快地将这些商品销售出去。所以，这是超市喜欢寻找有关联的商品的动机。

　　而这种关联最著名的案例，是 1992 年一个关于啤酒与尿布的故事。当时，为能够了解顾客的购买习惯，Teradata 的管理者托马斯·布里肖克（Thomas Blishok）和他的员工一起，对 120 万条来自 25 家 Osco 药店购物篮里的商品数据进行了分析，结果发现了一个有趣的现象，在下午 5 点到 7 点之间，消费者会买啤酒和尿布。于是，有研究人员推测，背后的原因可能是美国年轻的父亲在给小孩买尿布的同时，大概率会顺手再给自己买点喜欢喝的啤酒。由此规

律可以推断，如果将啤酒和尿布放在一起，应该是可以相互促进销量的。不过，没有证据表明，后来 Osco 药店的管理人员，真的把两个商品放一起来促进销量。另外，啤酒与尿布故事的真伪也是说法不一。

但是，它给人工智能和数据挖掘研究者提供了一种新的研究方向，即基于购物篮分析的关联规则（association rules）研究。对超市或药店而言，这有利于发现更好的营销策略。类似这方面需求的实际应用和例子显然也不少。比如，为什么机场里面有玩具店呢？有人推测是出差的人，因为工作忙没时间给小孩买玩具或陪小朋友玩，就会在机场候机的时候顺便买个玩具来补偿下。比如开信用卡的用户，有一些会进行房屋贷款。那如果能通过关联规则发现这些房贷用户，就能帮助银行更为精准地定向发放房贷的广告。再比如现今的短视频，如果某个短视频突然上热门，大家看着觉得有趣的时候，也会顺便想看看该博主其他视频拍得如何，于是靠该热门短视频越近的，浏览量也会增加得更多。短视频平台也会利用相关性推荐算法认为"相关"的视频。这些都是关联规则的具体表现。

所以，针对关联规则的挖掘，一直是人工智能领域长期研究的重要方向之一。其主要的想法，是把所有可能的项，如商品出现的频率，按由高到低次序排列，然后去掉过低的。再对出现频繁的项进行组合，并统计出现的次序，再去掉出现频率低的。依此类推，最终便可以找到可能的关联规则了。

然而，理想归理想。事实上，对关联规则或数据挖掘的研究来说，至今还没有多少能和"啤酒与尿布"这个故事相媲美的有趣例子，能通过相关的算法发现出来。这算是关联规则研究上的一个遗憾。

逻辑的自指
理发师悖论

在数学史上,在集合论这个框架下,一直存在着一个经典的悖论——理发师悖论,还没有找到圆满的解决方案。

理发师悖论出现在 20 世纪初期,当时的数学界和物理界有着类似的乐观情绪。物理界认为物理学中的基本框架已经完成了,无非还存在两朵"小小的乌云",一是迈克尔逊和莫雷做的测光速的实验,一是黑体辐射实验。只要将它们解决,剩下的都是细枝末节了。而数学界如法国大数学家庞加莱在 1900 年的国际数学家大会上也认为,数学的严密性基本已经实现了。

结果没多久,物理界和数学界双双被"打脸"。相对论和量子力学的出现,让物理界进入了一个新的时代。而数学界,则出现了著名的罗素悖论,也称为理发师悖论。

故事是这样发生的。在一个城市,有位理发师在其店外的广告牌上强调,他只为本城里不给自己刮脸的人刮脸。如果其他顾客来理发,只要没给自己刮脸,理发师都可以帮该顾客刮脸。但当理发师想给自己刮脸时,问题就来了。因为按规则,他如果给自己刮脸

的前提是，不给自己刮脸。如果刮了就不能刮。听起来很矛盾，也不合逻辑。

因为在集合论中，对于任意集合以及它的补集，其中所包含的元素要么是属于该集合，要么属于其补集，不存在同时属于两者的情况，这是经典的康托尔集合论的基本原则。

而伯兰特·罗素在1903年发现的理发师悖论却让这个原则变得有些尴尬。它意味着，集合论本身存在漏洞，不足以形成严密的理论体系。科学家们甚至将这个悖论视为第三次数学危机。

从某种意义上来看，这种悖论源于逻辑上的自指。对于理发师来说，是因为他忘记自己也在需要刮脸的人构成的集合里，导致了二义性的出现。除非他跳出这个集合，才不会产生悖论。

人工智能极简史

值得一提的是，这种自指，在科普作家侯世达的《哥德尔、艾舍尔、巴赫：集异壁之大成》一书中也曾经提及过。作者将三位来自人工智能、绘画、音乐界的名人放在一起，一个主要的原因就是他们都从不同的角度阐述了这种自指。人工智能学者哥德尔从系统内部无矛盾和不完备的角度，提出了著名的哥德尔不完备性定理，认为"无矛盾"和"完备"是不能同时满足的。这一定理考虑了逻辑的自指。荷兰画家艾舍尔则曾经画过许多如"瀑布一直向下流，却最终又流回原地，循环无穷尽"的自指画。管风琴家、作曲家巴赫则曾写过一首能正弹也能反过来弹，还能正反合在一起弹的螃蟹卡农曲，即《音乐的奉献》（BWV1079），仿佛是旋律的自指。侯世达将三个不同领域的名人，从自指的角度联系在一起来科普人工智能，便成了一本极其别致且非常经典的人工智能领域科普书。

　　从不确定性的角度来看，我们在科学探索的道路上看到过很多种表现形式。人工智能里谈的哥德尔不完备是讲无矛盾与完备之间的平衡，量子力学的量子不确定性是讲位置和速度在测量上的平衡，图像处理中傅里叶、小波变换的频域和空间域的图像处理是在考虑频域和空间域上的平衡，波普尔的科学证伪是在讲科学与证伪在哲学定义上的平衡。我也曾在我写的《爱犯错的智能体》里，大胆地提了个强调人工智能在预测与可解释性之间平衡的"平猫不确定原理"。似乎万事万物都有这样一种相互制衡的平衡存在，也许未来还能见到更多有趣的不确定性平衡。

模糊数学
伯克利教授的创新

　　人工智能历史上，还有个另辟蹊径的方向，模糊集 / 模糊数学，由美国加州大学伯克利分校的一位教授——扎德（Lofti A. Zadeh）提出。虽然 1957 年他已经在哥伦比亚大学被评上终身教授，1959 年就来到伯克利分校继续工作了，本可以不用那么执着于科研，但是他还保有对科研的狂热，希望自己能开创出新的理论体系。

　　在控制领域做科研的扎德教授注意到，在实际生活中，人们在处理很多问题时，并不是绝对的二元决策，而是存在着模糊现象。举例来说，儿子在长相上，不会完全像爸爸或妈妈中的一人，而是像爸爸的成分有一些，像妈妈的成分也有一些。再比如，我们谈到天气，如果是多云，那么究竟有多少云，也不好确切地界定。不难推测，在日常生活和自然界中都有着大量的模糊现象。

　　扎德便从这个认知出发，认为可以用隶属函数来刻画这种模糊性和不确定性。通过不断完善后，他最终于 1965 年提出了模糊集（Fuzzy Set）的理论体系。而后的几十年中，有不少科学家在跟进这一方向的研究。该领域的研究一度是人工智能的主流方向之一。

今天有"很多"云耶！

很多是"几朵"啊！

国际上也有一本专门研究模糊集的期刊 *IEEE Transactions on Fuzzy Systems*。甚至有一段时间，不少家用电器如洗衣机、空调都偏好在机身上注明：本机采用了模糊数学相关技术的芯片。似乎只有这样，才能显示出机器的人工智能优势，也能卖得价高一些。

虽然很流行，现在也仍然有不少人在继续相关的研究，也有想将其结合到人工智能最新技术深度学习的尝试，但关于模糊控制与模糊系统的发展，还一直有着不少的争论。有兴趣的读者可以去看看 2001 年—2002 年间《自动化学报》发表的三篇论文。一篇是王立新写的《模糊系统：挑战与机遇并存——十年研究之感悟》，一篇是王飞跃写的评论文章《关于模糊系统研究的认识和评价以及其它》，另一篇是王立新的《回复：关于模糊理念的思考》。

4

人工智能的成长期（1981—2011）

Chapter Four

*

在人工智能成长期，研究策略应用不当可能会拉大国与国在智能研究上的差距。因为装备了新型训练方法，神经网络得以突破感知机不能求解异或问题的尴尬，再次成为人工智能主力军。但处于成长期的"孩子"不止一个，还有统计学习和更为宽泛、以应用为驱动的机器学习。在成长期的前半段，神经网络只火热了一段时间，便让位于以统计学习为主流的机器学习。

第五代计算机
日本的赌博

　　尽管人工智能曾经进入了第一次寒冬，但相关的研究还在继续向前着。从国家层面看，在第一次寒冬期间，美国国家科学基金委曾一度拒绝人工智能相关的项目申请。而中国的情况更为特殊，第一次寒冬时间与中国当时盛行的"特异功能"时间有所重叠，研究人工智能的与特异功能的人员部分也有所重叠。以至于社会上一度将人工智能与特异功能混为一谈，不少人以为人工智能就是研究人体特异功能。因此，后来人工智能也被一起批判，甚至有一段时间不允许出版人工智能相关的著作。

　　但并非全世界都是如此。日本就没有表现出对人工智能的极度失望，或置之高阁。经过仔细考虑后，反而决定将这一方向打造成日本腾飞的一个拳头方向。于是，自 1981 年 10 月开始，日本投入了重金（总投资 1000 亿日元），并在 1982 年 4 月制订了 10 年研发第五代计算机的宏伟计划。

　　该计算机的基本结构包括问题求解与推理、知识库管理和智能化的人机接口三大块，而最核心的技术就是人工智能。其中，问题求解与推理系统是当时人工智能的重点研究方向之一。一般包括以下 3 个部分：（1）能够反映当前问题、状态和预期目标的全局数据库；（2）对数据库进行操作运算的规则集；（3）根据应用来决定选择哪种规则集的控制程序。而问题的求解则可以通过正向或逆向推理或两者的组合来完成。用不精确的比喻来说，它就像做数学证明题，正向推理是从给定的条件，来推断结论是否正确，而逆向推理则是从结论反推问题是否需要这些给定的条件。所以，"正向"是自底而上的推理，"反向"是自顶而下的推理。

在当时的环境下，人工智能科学家们还是比较自信的。

然而，实际上，当时的软硬件条件以及人工智能的发展水平，都不足以支撑日本实现这个宏伟目标。一方面是硬件条件，没有能高速计算并能处理大规模数据的高性能计算机，另一方面是数据量的规模，限于当时的数据采集设备和采集能力，也没有多大的数据集能帮助训练好的模型。而人工智能本身，在当时的理论和算法水平，也并没有想象得那么强大。它既缺乏有效的预测模型，也不善于推理和学习。其次，当时的人机接口所依赖的语言 Prolog 还只能是特定的程序语言，不便于人和机器有更高层、更灵活的交互。另外，在日本推进这一计划的 10 年间，人工智能领域也并没有特别亮眼的突破性成果出现。

这样的先天不足，也就注定了日本的第五代计算机的必然悲剧。

相比较而言，在这个时间段，美国则继续将其 1969 年发明的互联网（注：发明的动机，是因为美国国防部希望能方便导弹轨迹计

算，最初只由三台电脑组成，以服务于美苏冷战）做了进一步的深入研究和扩展，并将该技术民用化，形成真正意义上的互联网。而在人工智能方面投入相对较少。结果，美国最终在这个方向上取得了举世瞩目的成果，并垄断了现今风靡全球的互联网。

所以，这也可以说成是，方向性决策失误导致的美日差距。

反向传播算法
人工智能的第二次复兴

　　神经网络因为被批判不能解决简单的异或类型问题，曾一度陷入低谷，这也是第一次人工智能寒冬的主因。然而，还是有不少科学家坚信它有很大的潜力可挖。一方面是因为最初的神经网络设计是存在缺陷的。其网络的连接是一层接一层，从输入连到输出，既没有反馈，也没有更复杂的连接方式。另一方面，网络连好后，如何训练中间层或隐层的参数来获得更好的性能，也并没有太好的办法。因此，网络要想多搭几个隐层，就很麻烦。

　　实际上，假如有一组数据集，数据中既有输入端的特征，又有输出端的信息。那么用一个网络模型学习后，网络正向输出的预测结果与数据集里输出端的真实信息相比较，就会有误差。如果能把这个误差反向传回网络的各层中，并用之来调节网络的参数，以使得模型产生的误差变小。当反复多次将不同数据输入获得的误差回传，进行多轮这样的训练后，理论上网络就能获得更好的预测性能了。

　　但是，当时神经网络界的科学家们并没有太留意其他领域在这一思路上的尝试，以至于第一次人工智能寒冬结束后，差不多又过了 6 年时间，才真正将这一技术用来优化神经网络的模型，也就是人工智能领域熟悉的、神经网络学习必需的反向传播技术（Back Propagation，简称 BP）。

反向传播的雏形最早见于 1960 年亨利·凯利（Henry J. Kelley）的控制理论思想。控制理论中一般假设输入到输出有两种模式，一种是没有反馈的前馈模型；一种是向后回传信息的反馈网络。

因为多层神经网络连接起来后，往往会由每层的函数组合形成复合函数，所以假如要对网络参数进行调整，就需要用数学中常见的链式法则求复合函数的偏导。这一思路，在 1962 年被斯图亚特·德雷福斯（Stuart Dreyfus）提出过。而 1974 年，哈佛大学的保罗·韦伯斯教授（Paul Werbos）提出 BP 算法时，并没得到太多重视，可能是因为由于当时处在人工智能低潮中，大家都不怎么看重神经网络的研究。

直到 1986 年，茹梅哈特（Rumelhart）、辛顿（Hinton）和威廉姆斯（Williams）再次将反向传播提出，并形成了当时最为有效和适用的算法。另外，1989 年，霍尔·尼克（Hornik）和赛本苛（Cybenko）等提出让神经网络研究者有理论底气的万能近似定理。粗略来说，他们认为，一个前馈（即只有正向）的神经网络，如果在有线性输出层和至少一层的隐层上采用了非线性激活函数，只要给予网络足够数量的隐藏单元，那么，它可以以任意精度来逼近任意变换函数。

这两件大事，无疑给偏爱神经网络研究的人们打了一剂强心

针，使得很多人开始重新正视神经网络的研究，带来了神经网络的第一次复兴。在那段时间，各种基于不同假设和针对不同任务的神经网络模型层出不穷，如用于数据聚类的 Kohonen 网络。

不过虽然如此，明斯基合写的《感知机》在 1988 年再版时，并没有改变其观点。一个可能的原因是他认为，一个处理玩具世界的模型要想变成能处理复杂世界的模型，需要做本质性的转变，才可能实现。

卷积神经网络
时运不济

之前提到过福岛邦彦的新认知机，这个模型在一定程度上模拟了人的视觉通道的神经网络结构，即由复杂到简单、由简单到复杂的形式。然而，因为模型是前馈型网络，没有合适的训练和参数调整策略，所以实际性能并不是特别好。

直到杨立昆在此基础上提出卷积神经网络，事情才有了转机。卷积这种想法，其实不是从杨立昆开始的，在他之前两年就有人提出过。如 1987 年亚历山大·外贝尔（Alexander Waibel）等提出的时间延迟神经网络（Time Delay Neural Network，简称 TDNN），就使用了卷积的思想来进行语音识别。而杨立昆是针对计算机视觉问题提出来的，称之为 LeNet。它共有两个卷积层，两个全连接层，需要学习的参数达到 6 万个。因为参数多，所以他在利用反向传播时，考虑了训练样本的数量一次不宜太多，并基于此提出了随机梯度下降的优化技术。他也在 1989 年提出的这个 LeNet 网络中使用"卷积"的概念，从此就有了卷积神经网络——人工智能历史上著名的模型。

卷积这个名词，最早源于数学，相当于对一个函数 f，将用来做卷积运算的函数 g 进行翻转再平移后，计算其与 f 重叠部分的函数乘积值，并对重叠部分进行求和或积分。形象来讲，函数 g 的宽度要比函数 f 要短小得多。如果把函数 f 看成是一幅图像，那么卷积就像人眯着眼睛，只看图像上的一个局部区域，并通过在这个局部的乘积累积，来获取局部的特征表达。特征表达出来的结果，则与选择用什么样的卷积核或卷积函数 g 有关。因为它关注的是图像中的局部，所以，从视觉上来看，它又多少有点像视网膜上的视杆细胞。在人的视觉通道上，视杆细胞是多个细胞一起联接到随后一层的单个神经元上，即多对一。这种多对一且局部的连接方式，相比全连接来说的好处是：更节省计算资源，因此能提高模型的训练效率。再加上，同一层的卷积核还能共享。所以，在计算资源有限的情况下，卷积神经网络就有了它存在且实用的价值。

到 1998 年的时候，杨立昆与其合作者又对 LeNet 进行了升级，得到了现在更为大家所熟知的 LeNet-5 卷积神经网络。该网络引入了池化层，能对卷积后获得的特征做进一步的归并。比如如果一个 2 乘 2 的正方形有四个值，采用最大池化操作，就可以变为仅有最大值的输出。当然，也可以用取平均、找最小、加权求和等方式，取决于不同的应用。从某种意义来说，池化有简化模型、升华特征和提高计算效率的作用。

LeNet-5 出来后，在手写数字识别上取得了非常好的识别性能。可惜的是，当时，统计学习理论异军突起，在理论和算法性能两个层面上，都迅速地压倒了神经网络的研究。结果，神经网络又再次回到低谷。以至于有一段时间，大家把神经网络复兴的原因，归结于反向传播算法的出现，但并不认为神经网络有真正巨大的突破。

而卷积神经网络也因此沉寂了十余年，直到 2012 年神经网络的全面复苏，才再次得到很多科研人员的关注。

邮政编码识别
古老的回忆

需要提一下的是，杨立昆为什么选择做手写数字识别的任务呢？这与当时的互联网还不是太发达是有关系的。异地的人们平时最重要的联系方式之一是写信，如果特别急的事，就得考虑电报。

而如何把信准确送到对方的家里，邮政部门要做的事，就是识别信封上的邮政编码。这些邮政编码通常是由数字组成，由写信人手写上去。如果人工分拣，显然是非常耗时。所以，才有了利用机器快速识别和分拣的需求。而提高机器识别的性能，更是异常重要，因为哪怕是 1% 的提高，也意味着每年会有大量的信件可以通过机器识别来准确完成分拣，从而有效降低人力成本。但其难点在于，每个人书写数字的方式是不同的，工整的好识别，潦草的、落笔轻的、写得模棱两可的就困难了。

另外，相对图像来说，手写数字与信封之间可以看成是黑和白的二元关系，字是黑的或蓝的、信封是白的，容易转换成二值图像来操作。因为没有正常图像那样的宽泛赋值范围，所以以当时的算力和计算资源来看，在手写数字上取得人工智能的进展的可能性更

这是哪里呢？

200433

上海市。

大一些，也更容易一些。

最后，是数据的收集。相对来说，在 1998 年网络还不是太发达，摄像设备也相对昂贵的时代。数据并不是那么容易获得大规模的量，比如人脸。当时比较流行的一个数据集，是 ORL 人脸数据，总共才 40 个人，每人 10 张脸，共 400 张人脸样本的数据集。所以，手写数据集无疑是当时数据集规模中的老大，常用的叫 MNIST 手写数字数据集。谁能在这类数据集取得很大的进展的话，那就能让人信服，证实该方法确实是有效的。

不过，到了 21 世纪后，大家发现，即使是 MNIST 手写数字数据集也仍然很小。要训练出更好的模型，需要更大规模的数据量。另外，当时还有一个观点，就是希望能了解数据量与模型预测能力之间的显式关系，这也就引出了在 1995—2012 年之间统计学习理论的一度盛行。

统计机器学习

一统江山

人类在研究人工智能模型的学习能力时，除设计算法外，也希望能在理论上有所建树。因为一个研究方向要想成为一个学科，还需要有一套完备的理论体系来支撑。比如研究算法是否能够在理论上保证收敛到目标的最优值，收敛速度有多快，等等。

但是，人工智能早期的研究，主流还是偏算法设计。有些还带点启发式，比如仿生算法，偶尔会被人开玩笑说成是拍脑袋想出来的。但这些人也会反过来调侃下做理论研究的，认为他们做的理论虽然漂亮，但就像天花板一样悬在顶上，落不了地，在实际中也没啥用处。

而在实际设计算法时，如果真需要理论来支持算法时，比如为什么会有好的预测能力时，往往会假定用来训练算法或模型的数据的量是趋于无穷大的。也就是说，就是当手头拿到的数据量达到无穷大时，那么人工智能领域设计的好算法就一定能够找到期望的答案。这一假设与数学中常见到的大数定理是一致的，看起来很自然，好像也没什么问题。

　　结果，在那个时期只有少数人工智能的理论研究者会考虑，首先，我们真的能收集到无穷的样本或数据吗？如果得不到无穷的数据，只有有限的样本，那在无穷样本框架下讨论学习算法的结论，不就是在空谈或没有任何建设性的意义吗？其次，以前在设计算法时，总是会假定算法应该紧扣特定的应用。但是，有没有可能不考虑特定应用，而是从数据假设的分布出发，构造出对所有应用或数据分布都适用的通用预测模型或算法呢？第三，是泛化或可推广能力。也就是不仅仅要看模型对见过的数据的预测能力，更要看其对于未知样本的预测能力有多强。

　　为了解决这些问题，俄罗斯统计学家弗拉基米尔·万普尼克（Vladimir Naumovich Vapnik）功不可没。他从 20 世纪 70 年代开始，从理论上研究不同算法的预测极限和泛化能力，并设法在有限样本的情况下，为理论与实际算法之间建立联系。最终，在 1995 年左右，他将完整的研究著成一本书——《统计学习理论》。在该理论的指导下，他还设计了能有效识别数据的支持向量机（也称支撑矢量机）。从此，一统人工智能界近 20 年。不过这本近 800 页的书实在太厚，所以他又出了本浓缩版的《统计学习的本质》。然而，因为多数重要的概念被忽略，所以缺少一些承上启下的思路，不少读者觉得要弄明白其中的道理和理论，还不如去啃那本厚的原著。

支持向量机

万能学习算法

道路千万条，最优超平面仅一个。

对于人工智能来说，分类是一个重要的任务，而寻找把两类数据分开的最优超平面，则是重中之重。之前说过的感知机，在将不同类（比如两类）的数据划分时，会用一根直线来将两类数据分至直线的两侧。但这里有个问题，如果把两类数据比作下象棋的两方，开局时楚河汉界区域就是双方的分界面，在这个分界面上，随便画一条直线，都可以把两边分开，不一定要平行于楚河汉界。

但是，对统计学习的研究人员来说，光把现有的两类棋分开是不够的，还需要看看假如新来了几颗棋（实际的新数据）后，这些线是否还能够把这些新的棋子也分得很好。但因为没见过，又不确定它们会出现在哪里，所以，一方面，会假定这些新棋子和旧棋子一样，在分布上是相同的且新棋子是独立拿出来的，即统计学习理论中一直强调的独立同分布（Independent and Identity Distribution，简称 i.i.d）；另一方面，则只能从目前已知的无数条划分的直线中寻找出具有最好泛化能力或可推广能力的一条。

此时，弗拉基米尔·万普尼克的统计学习理论就发挥了其理论的优势。他发现如果对划分用的直线做一条垂线。那么垂线离最靠近楚河汉界棋子的距离越远的时候，这条直线从理论上可以证明，其对未见过的新棋子的类别预测能力最强。而这个距离，在统计学习理论里面，称为边缘（Margin）。与以往的人工智能算法不同的是，这个结果不是根据特定的应用或数据得到的，而是先从理论上证明，再根据理论设计出来的。因此，它就可以被广泛应用到人工智能各个相关领域。

另外，它有个额外的好处。因为最大化的边缘，就能得到最好的性能。而这个最大化，只需要找到离直线最近的几颗棋子如卒、兵即可。躲在棋盘后方的，比如类似车、马、象、士的数据，一旦直线位置找到，就不需要了。所以，它还顺便节省了计算资源，尤其是当后面的棋子特别多的时候，就能大量节省计算资源的消耗。

因为支持向量机既有理论上的保证，而且直观上也如同象棋的楚河汉界一样容易被理解，且构造这条直线或分类超平面的方法也方便。同时，它在 MNIST 字符识别数据集上的性能优于当时的卷积神经网络。尤其重要的是，这个思想不仅适用于分类问题，通过适当变化后还能用于更多类型的人工智能应用。

在 1995 年左右，大量曾经研究神经网络的和原本在机器学习领域一直耕耘的科研工作者，就转向基于支持向量机的各种理论或应用性研究。而支持向量机，就化身成人工智能领域的万能学习算法。

非线性与核技巧
人工智能里的审美疲劳

　　虽然直线划分简单方便，但是这个世界并非都是直来直去的。我们看到的河流没有一条全部都是直的，数据也是如此。不同类别的数据放在一起时，相隔开的区域有可能如河流一样弯弯曲曲。更甚者，有可能会卷成瑞士卷（海绵蛋糕的一种）一样，此时用直线基本上不可能把两层不同类的数据分开，用螺旋线兴许还成。但是要用函数写出特定螺旋线的表达形式，就很困难。更何况，分类复杂数据的曲线往往比螺旋线要复杂得多。它可能更像黄河一样，九曲十八弯。

　　那怎么办呢？还能不能用支持向量机里的直线思想呢？万普尼克又想了一个办法。还是用象棋来打比方。现在我们用的象棋棋盘是平面的，但如果楚河汉界是弯的，不能用直线划分的话，我们不妨给这个棋盘加一个维度，变成立体的或三维的。那么，在这个空间，就有可能用直线或一个平面把两方的棋子分开。这样的话，原来设计出来的、简单好用的支持向量机算法，就能够继续使用。那如果三维还不足以找到这条直线呢？那可以继续把维度升高到四

维、五维甚至超高维，直到找到这条直线或更一般的说法，分离超平面，即可。

既然有这样的想法，那么接下来要做的事情，就是寻找能把象棋或通常数据所处的原有空间，变换到那个能用分离超平面分开的空间的映射函数了。但这同样是件困难的事情，因为要把此函数显式地写出来，相当复杂。

幸运的是，万普尼克找到了一个通用的策略，叫作核函数或核方法。这个函数有个特点：只要原来在计算两个棋子的距离时用到乘积，那就可以等价地用这个核函数计算映射后两个棋子的距离，而且不需要做空间变换。简单来说，就是找到了比显式写映射函数更方便的方法，只用将乘积计算替换成核函数计算即可。

由于分离超平面有了，高维映射的核函数简化有了，科学家们要进一步研究的工作，就变成了寻找适合各种应用的特殊核函数了。当然，也可以用一些已经找到并验证了性能不错的核函数，来替换以往人工智能的各种预测问题。

核函数一出来，在当时是有着"谁与争锋"的气势的，因为大量的人工智能研究都与之相关。但是，成也萧何，败也萧何。它的研究套路比较固定，就是在原方法上套层核。如果还不行，就多套几层，可加可乘。但这样的玩法，就像程咬金的三板斧，看穿了就不好玩，也没有新意，变成了核技巧。结果，相关的研究文章多了后，大家就有点审美疲劳。以至于没过几年，原来很热门的核函数及相关研究，变得大家都不太愿意去碰，到现在只有一些零星的、"硬骨头"的研究了。当然，这里面可能还有一层原因，是核函数的选择很困难，也很难解释。

5

人工智能里的原则、直觉与反直觉

Chapter Five

*

　　人工智能中有不少重要的指导原则，它们帮助人类更好地理解和应用人工智能技术。但如果一个技术应用过于泛滥时，也可以导致人的审美疲劳。

奥卡姆剃刀
简单有效原理

现在我们知道，要对数据分类，可以由直线或者曲线，甚至超曲面来完成。科学家们发现，如果对数据划分时，采用过于复杂的曲线或曲面时，虽然看上去可以把手头的数据处理得很好，但由于描述曲线的函数可能过于复杂，以至于对新来样本的处理能力欠佳。这也就是人工智能常说的"过拟合"现象。但如果过于简单，比如对复杂数据只用基本的直线或平面划分，那一开始就没有形成对数据的有效描述，这就是欠拟合。

这两个现象意味着人工智能在处理预测问题时，通常需要在欠与过（拟合）之间找一个合理的平衡。

另外，我们在处理人工智能任务时，对于看到的结果，能找到的原因可能不止一条。这种情况常被称为病态问题——无法找到人工智能期望的唯一解。

为了解决以上问题，人工智能的研究者们一般会遵循一条来自14世纪时英格兰奥卡姆的修士威廉提出的奥卡姆剃刀原理（Occam's Razor），这个原理的英文是：Entities should not be multiplied

人工智能极简史

unnecessarily。这句话的中文意思是"如无必要，勿增实体"，或更通俗一点，叫作"简单有效原理"。

以一个几十年前的"老梗"为例，某知名化妆品厂家生产的肥皂，在流水线上总有空肥皂盒的情况，于是投入 100 万人民币来研发人工智能系统，包括在流水线上安装摄像头、X 线机，并基于图像处理和计算机视觉设计了空盒检测算法，最终实验成功。而另一家公司，出于成本考虑，没有进行人工智能系统的研究，而只是花了 100 元在市场上买了台强力电风扇回来，调好风力大小，让其对着流水线吹。因为没有肥皂的肥皂盒很轻，经过电风扇时自然就被吹到流水线对面的篓子里，而装有肥皂的盒子重得多，就正常地通过流水线了。

电风扇吹走"空盒子"，解放双手，
咱这是简易版"人工智能"。

再比如远距离开灯，如果只是生活需要，用个遥控器就够了，没必要用上复杂的人工智能设备和算法。

类似故事不胜枚举，其道理是，如果做一件事情能尽量简单，就不需追求复杂。

那么，它对人工智能的启迪是什么呢？其实，就是希望获得一种简单的方法。然而，究竟何为简单，何为复杂？人工智能研究者们在不同时期有着不同的理解，也因此产生了许多不同的模型构造方法。

按人工智能对数据的思考演变来看，最初对简单的理解应是从复杂性角度来形成的。

直观来说，直线是最简单的表示方式，异常复杂的曲线则相反。而这种曲线，要用数学形式表达的话，需要用到大量的参数来表示。因此，要得到相对简单有效，且能对未知样本有效的模型，最直接的办法就是控制参数的数量。

这样，就能够在随参数增加，构造的模型与已有数据之间的拟合越来越接近、误差越来越小和参数数量越来越多之间，寻找到一个平衡点。我们不妨将这一视角的"简单"，称为基于模型复杂性的简单控制观。它也是人工智能领域最早期对简单的认识观。

稀疏学习与压缩传感
反直觉的采样

控制参数的个数，是一种简单有效的假设视角。从某种意义来讲，它相当于我们在寻找智能的过程中本来是漫无目的地寻找，但现在有了一个手电筒，就可以在手电筒的光照得到的范围内去寻找一个合理的解。可是，手电筒照的方向对不对呢？在人工智能领域，至今人们还在不断摸索着。所以，与时俱进地持续更新知识也很正常和自然。

比如这个模型参数数量的控制，最初的方法是总量控制，但并未分析每个参数是否对模型的表达具有重要贡献。于是，又有科学家们认为，如果找到能对模型表达有最重要贡献的一组参数，也许会更合适，因为这组参数可能会对模型的可解释性提供帮助。这一点在医学上尤其重要，因为医生和病人都想知道导致生病的具体原因是什么。如果啥也不知道，那就只能采取试错模式了。

科学家们由此想到稀疏学习，希望通过优化来控制模型中参数的个数，并将缺乏解释性或贡献较弱的参数去除掉。更直观来说，如果假定每个参数都乘了一个系数的话，那模型只需要学会将不重要的参数前面的系数变成零，就可以了。如果有大面积的"置零"出现，那学习后的模型参数数量必然远小于最初的参数量，就能方便获得可解释性。这就是稀疏学习。

与之异曲同工的是，在科学家们研究稀疏学习的同一时间段，还有一个叫压缩传感的研究方向也出现了。它思考的问题很有趣，举个例子来说，我们照相用的数码相机和智能手机，现在主流产品的像素都是千万起步了。但在将相片导入电脑或分享他人时，数字图像是需要经过压缩和解压缩两个阶段的。再比如在火星的探测器，如果将拍好的图片回传到地球前没有经过压缩，那传输消耗的时间会相当长。因为火星到地球之间没有 5G 或更高级的通信网络，只能以极低比特的传输率来传数据和图像。但问题是，既然能够压缩，又能无损失地还原，多少说明拍照时用的千万像素是有不少冗余的。

那么，有没有可能在相机的前端即成像元件这里就直接发现并去除冗余呢？比如只用 10 万像素就成了。那样的话，后面的压缩和解压缩过程就能省略或只需少量使用。

但要这样做的话，意味着需要重新思考下信息论需要遵守的采样定理。直观来说，如果看到一个水波，要想还原它，我们需要在水波的波峰和波谷都采个样，连起来才能近似水波的形状。但如果采样点都在水波的腰线上，那连起来就像一条直线，无法还原水波。所以，一般来说，要还原信号，需要二倍频率以上的采样，才是可行的。采样如果再稀疏一点，就保证不了对信号的有效还原。

虽然采样定理是合理的，但是它隐含的假设是信号相互之间是独立的。然而，实际的世界中相关的信号很多。比如一堵白墙，从左到右全是白色，完全可以从左边的白色加上白色块的具体长度来定义墙面的白色特性，即（白色，长度）。所以，把这些冗余学习一并去除掉，自然可以实现更有效的采样。而这种采样思路，是可以直接运用到相机的采集设备或感光器件上，即前置压缩，而不需要在后端再利用压缩和解压缩技术。科学家们将这一思路称为压缩传感（Compressive Sensing）。而在压缩传感中，用到的数学和算法工具与稀疏学习几乎是一致的。

大致上来说，就是数数，即数下参与模型预测的参数的个数总量。这个量越小越好。但因为数数是 L_0 范数，即参数个数上的求和运算，它的运算是无法求偏导的，也就无法将其用于模型的优化。所以，通常会用 L_1 范数，即参数值上的求和运算。虽然此运算不是个数数量上的求和，但理论上可以逼近 L_0 范数的寻优，因此，稀疏学习和压缩传感都会以 L_1 范数为基础来构建实际的稀疏模型。当然，也有考虑 0 到 1 之间范数的，也有结合 L_1 范数和 L_2 范数（即求平方和）。还有很多针对不同问题的稀疏学习变体模型，这里就不赘述了。

关于压缩传感，这里还有个有趣的故事。据说当年钻研压缩传感的坎迪斯（Candes），对其中有个理论问题一直没找到好的证明途径。有一天去幼儿园接小孩时，巧遇小孩同学的爸爸陶哲轩（华裔数学家）。在等小孩的途中，坎迪斯就跟陶哲轩聊起他的研究和困难。陶哲轩听后，感觉自己可以试试。于是，这位智商高达 230、年纪轻轻就拿到数学界"诺贝尔奖"——菲尔兹奖的陶哲轩，经过认真思考后，把坎迪斯的难题解决了。他与坎迪斯一起夯实了压缩传感的理论基础。这个故事告诉我们"惜孟母，择邻处"的妙处，不仅有利于小朋友的学习，也有利于大人们的科研合作。

第 5 章 人工智能里的原则、直觉与反直觉

词典学习
人工智能需要"新华字典"

模型学习里的参数，有可能是具体的函数要素，比如一元二次方程式里的变量，但也可能具有明确的物理意义。比如在人工智能中，图像处理或计算机视觉领域里面的图像块。一幅图像是由若干个图像块组合而成。

于是，人工智能科学家们就想到了，其实可以把图像分解成很多大小相同的图像块。那么，新的图像也可以通过这些图像块乘上相应的系数来组合形成。这些图像块就像新华字典里面的单词一样。如果图像块收集得足够多（比如 10 万块以上），那全部图像块的集合就组成了一本"新华字典"，仿似一个完整的图像块参数库。任何图像都可以通过查字典的方式，找到其对应的图像块组合。需要注意的是，一个图像显然用不到字典里面的全部词条，最多用几十或几百条就足够表达。但为了通用学习的方便，在学习方程式的时候会将全部词条写出来。只不过其他没用到的词条在表达时，词条前面的系数乘个零就行了。因为系数大部分是零，所以系数的集合看上去是稀疏的。这就是图像处理和计算机视觉领域在利用稀疏学习时的一种思路。与稀疏学习有所不同的是，这个"新华字典"里的词条并非固定不变的，而是会根据数据的变化来不断学习和调整。所以，除了稀疏学习外，这里还有一个词典学习的任务要考虑。

当然，这个构建词典的做法，也不只是在另外图像处理和计算机视觉领域才有。实际上，构建词典的想法最初还是借鉴了自然语言处理的进展。因为自然语言处理的科研人员偏好将一段文字，分解成若干单词的组合表达。后来人们发现，这一思路在图像和计算机领域也能用上。

另外，构建词条的想法在人工智能早期阶段也曾经被用于对语言的理解，比如对电话中的语言理解。因为语言中的每个单词每句话常具有多义性，所以为了保证能覆盖尽可能多的情况，科学家们对很多常用词建立了类似新华字典里的词条。每个词条，不仅覆盖了单词本身，还有它的多义表述，上下文出现的背景等。当词条足够多的时候，就可以通过学习来发现一段文字或语音对话中更准确和更完善的意思。这种建词条的策略，被称为本体论（Ontology）。不过，可能是因为规则太多、建库工程量太大，不如人工智能其他方向那样更注重理论与算法的研究，所以研究本体论的人相对要少一些。

但进入 21 世纪后，由于数据扩展迅速，与本体论类似的一个方法又引起了大家的广泛关注，那就是 2012 年谷歌公司提出的知识图谱（Knowledge Graph），它是 2006 年由谷歌公司提出的语义网络（Semantic Network）的延伸，希望通过构造语义网络来提示实体之间的关系。而实体的表述，又似乎是明斯基曾提出的框架理论的一种改良。关于知识图谱，后文会详述。

最小描述长度
一行代码胜过千言万语

除了通过模型复杂性追求的"简单"，通过稀疏学习追求的"简单"，还有一种"简单"是从计算效率来考虑的。因为只要是算法，它最终总要编写成计算机程序来实现，因此可以考虑如何对其进行更有效的编码。

这在人工智能历史上也曾经有人专门研究过。最早是 1978 年由约曼·里赛能（Jorma Rissanen）提出，称为最小描述长度原则（Minimum Description Length，简称 MDL），它是"奥卡姆剃刀"原理从编码角度形成的"简单"。

计算机程序在编程技术上面还是有不少技巧的。同样的编程任务，可能不同人写出来，效率是不同的。比如一个最简单的任务，把数字从 1 加到 100。有些人会把这些数字全存到系统里，然后通过调用这些元素，用加法程序来求和。这样的效率显然是偏低的。

也有人会利用 C 语言，只写一行代码。如：

for（S=0，i=1；i<=100，s+=i++）

相比之下，这样的编码方式要简单有效得多。

　　再比如对一个二值图像的存储，其中每一行都是1，0，1，0的二值表示。当存在冗余时，如（1，1，1，1，0，0，0……共96个0），用二值存储需要100位。但如果用（1，4），（0，96），即二值，长度的行程编码方式来表示，则显然短得多。原因也很简单，就是我们描述的信息中存在冗余。

　　自然地，我们可以把人工智能的模型预测和学习看成一种编码任务，希望寻找最小的编码长度。数据的数量可以编码，数据的类别数量可以编码，算法可以进行编码，算法的预测能力也可以编码，诸如此类，均有各自的代码长度。而最小描述长度则是期望寻找压缩效果最佳的编码。类似的表述，还有 1968 年瓦莱斯（Wallace）和波尔顿（Boulton）提出的最小信息长度（Minimum Message Length，简称 MML）。不过，MDL 和 MML 之间的差异相对较小。

值得指出的是，虽然这种从编码和信息出发的简单在 21 世纪前有过一些研究，但可能由于在构造过程上相对复杂，不容易形成有效实现，目前见到的相关研究成果已经比较少了。

流形学习
数据空间不是平坦的，是非欧几何

人工智能追求的"简单"不仅能从编码、稀疏、模型复杂性来看，还可以从数据本身的几何结构来思考。人工智能中面临的数据往往是有噪声的。而且有些噪声是源于系统，是不可减少的。它导致了数据粗看起来可能没有太明显的结构（比如几何上的结构）。然而，如果假定数据是由某个有规律的几何结构加上噪声生成的，那么就有可能分离出简单的几何结构，以获得对数据的有效表达。

什么样的几何结构会是简单的呢？直线、平面。然而这种简单在数据的结构中并不常见，因为过于简化。更可能的情况是光滑的曲线、曲面或者维度更高的超曲面。

因为数据处在曲面上，所以在认知和数学表达上就需要有一些不同的形式，比如说距离。在我们生活的空间，一般假设有长宽高三个维度。而丈量两点间的距离，一般拉根直线就行。然而，当数据完全处在曲面上且无法离开曲面时，直线走的路径就会脱离曲面，实际是不正确的路线。

正确的路径是测地线，就像一只蚂蚁在篮球上爬一样，从上面的顶点到下面的顶点，它只能沿着篮球鼓起来的面走一条曲线，而各条曲线路径中最短的那条，叫作测地线。这条线才是用于曲面上两点间的真实距离。值得指出的是，因为人工智能中使用的数据常是离散点，所以，这个曲面或更高维的超曲面是需要通过数据学习出来的。由于学习时，要考虑曲面或超曲面的特性，科学家们便沿用了数学界对曲面或超曲面的定义，将这类学习称为流形学习（Manifold Learning）。这里的流形就是曲面或超曲面的统称。一般认为其在局部邻域时，与我们习惯的欧氏空间是等价的，而全局往往不是，需要通过多个局部的欧氏空间拼接来刻画。但局部邻域可大可小，如果大到和欧氏空间一样大时，那我们习以为常的三维空

兄弟们，道路"曲折"，需要帮助吗？

人工智能极简史

间也是一种流形。所以，流形并非特殊的几何结构，而是更一般的空间结构表达。

另外，如同长宽高是相互垂直、正交的，在三维空间中数据形成的曲面也可有类似的性质。不过因为曲线方程能用参数写出，曲面可以由两个参数来表达。所以，在流形学习中，常认为流形是嵌套在高维数据空间中的低维流形。而流形学习的任务之一，形象点来说，就是把这个低维流形拍平，还原出真实的、可如长宽高一样被计算的平坦流形。

流形的概念其实很早就有，最初是数学家黎曼提出的。1845年，他被哥廷根大学聘用。大学要求他做一场就职演说，并给了三个选题，其中一个是近代数学的奠基者之一高斯出的。黎曼考虑再三，发表了一篇名为《关于几何基础中的假设》的就职报告。在报告中，他提到了空间的非欧性，认为可能存在多度延展的空间，他为这一空间取了个德文名 mannigfaltigkeit，翻译成英文后，是 manifold。其中词根 mani 是多，fold 是折的意思。中文则按其拓扑学性质，即整体的形态是能够流动，被我国的拓扑学家江泽涵翻译成流形。

虽然这一概念出现在近 200 年前，但在数学中有不少概念是超前的，短期内并不一定知道其具体有什么用处。对于人工智能来说，认为高维数据具有流形结构也不过是近 30 年才有。而且，最初都是在线性空间上做的假设，并没有真正对应地从数据中寻找嵌套在高维空间中的低维流形。

直至 2000 年，流形学习才开始变得非常热门，主要原因有两个：一是距离度量上更准确，尤其是处理如瑞士卷这样的数据分布时。假定把瑞士卷摊开时，从一端经过中间到另一头的路线上取三个点，那么距离显示是到中间的距离要近于两个端点间的距离。然而，如果卷成瑞士卷了，就可能因为误用直线距离计算方法，而导致这个距离远近反过来了。所以，此时考虑流形学习的距离会更合理。二是认知上的。以前的研究在人脸识别上，发现照片上的人脸有角度变化，比如张三的正脸、张三的侧脸和李四的正面。那么，按常规的直线距离计算模式的话，很有可能会张三的正脸和李四的正脸更接近，反而和张三自己的侧脸距离更远。原因在于，人可能在认知上，会把角度变化看成一条曲线，然而认识不同人脸是沿曲线变化的。如果再考虑光照、表情等因素，则人脸会处在一个超曲面或流形上。这一现象为2000年发表在《科学》（*Science*）上的三篇论文所支持。尽管2000年前就有流形学习的想法，但这三篇论文提供了更能体现流形学习的模型，并因此引领了不少科学家投入到流形学习的研究中。

只不过因为其要求比较稠密的数据，而现实采样中不一定能保证，数据量大也导致了计算的低效。另外，多数实际数据是有噪声的，会对流形的还原产生干扰。最后，流形学习的目的是提供更强的可解释性，目前的实际应用更关注于预测性能，而可解释与预测本身就是一件矛盾的事。

所以，理论上虽然很吸引人，但追求光滑结构上简单的流形学习，在十年以后也被深度学习的狂澜淹没了。

神经流形

离散和连续的原型说

在 2000 年开始流行起来的流形学习，在认知层面上也颠覆了人类如何记忆事情的观点。

以前，科学家们认为，我们的大脑在记忆每个概念或事件时，会有一个模板存储到大脑里。比如张三的人脸，尽管在眼睛的视网膜上有上亿个感光细胞来感知世界，但经过视觉通道来到大脑的视觉中枢后，就变成一个压缩后的模板（或者叫原型 Prototype）。李四的人脸则是另一个模板（原型）。人类会把所有需要记忆的东西都用"原型"的形式存储在大脑中。这个原型在神经生理学中被称为离散吸引子（Continuous Attractor）。

当再次遇到见过的人或事物，只需要匹配大脑中最相似的原型即可以完成识别。大脑寻找的过程就是从各个方向收敛到这个原型或吸引子上。这种记忆模式的假说在人工智能里被称为原型说。

不过，原型说不能较好地解释：很多人常常只见过陌生人一两面，隔很久再见面时还能认出来的现象。因为再见面时人会有角度、发型、穿着等方面的变化。所以，流形学习中的流形原型说，

就提供了一种更可行的解释。

　　它认为，人在记忆时，会将对人的印象或者对事物的概念存储在一个曲面或超曲面上。这样，当人在不同的光照、角度的情况下出现时，大脑会先将其回溯至曲面上，再在曲面或流形上进行各种变换，如角度旋转、光照调整等，最终实现对人或事物的回忆和匹配。这项成果也成了 2000 年发表的三篇关于流形学习的奠基性工作之一。近年来，还有科学家发现，邻近的神经模式可以组合生成能处理特定任务的神经流形（Neural manifolds）。神经流形已成为探索人类记忆和其他大脑活动的重要研究方向之一。

非负矩阵分解
光线是正能量

关于人脸记忆，除了像流形学习这样被认为是整体记忆之外，也存在局部记忆的时候。比如对双胞胎的区分，在无法通过整体面容来分辨时，人们就会更加关注双胞胎在局部细节上的差异，像有没有痣之类的情况。而在认知上，则对应于将人脸分解成若干小块。然后，不同人脸都可以视为这些小块的加权组合。

那么，怎么加权呢？美国科学家 Lee 和 Seung 认为这些加权的系数不能为负数。他们的观点是，人的视网膜在感受外部刺激时，是被动接受的。而进来的光线能量不会是负能量，必然大于零。即使分解成人脸的各个部件或小块的组合后，这些系数也应该是正的，才符合物理直觉。而部件与系数两部分都可以看成是两个填满了数字的矩形或矩阵，其中系数形成的矩形（矩阵）里的数字都是正值。有了这些直觉后，就可以用非负性进行约束，并构造优化方程。最后，就是利用人脸数据集来学习背后的部件矩阵和非负矩阵。

通过在人脸数据集上的实验，他们发现，分解出来的部件矩阵

第 5 章　人工智能里的原则、直觉与反直觉

确实是由若干类似的人脸的部分组成的，如眼睛、眉毛、嘴形等部件。因为他们提出的这套非负矩阵分解算法学习到的结果，与人视觉上的直觉吻合，所以这项成果也于 1999 年发表在《自然》（*Nature*）上。非负矩阵分解的研究表明，人在认知的时候，是能够基于局部部件来辨识人脸的。

后来，科学家们发现，这种非负的性质不仅存在于人的视觉上，在人工智能其他很多应用领域也可以利用这种性质来建模和分析，并有着不错的性能。结果，有很长一段时间，我们都能看到与非负矩阵分解相关的各种应用论文。

视觉理论与大范围首先理论

局部优先，还是整体优先？

实际上，在人的认知尤其是在视觉层面上，局部和整体认知都有相关的研究，也有科学家们在探索到底是谁先谁后的问题。在计算机视觉领域，被广泛接受的是法国科学家大卫·马尔（David C. Marr）于 1973 年开创性提出的三维表达思想和视觉计算理论。他认为人的视网膜上成像的只是二维图像。如果要形成立体视觉，需要进行三维重建。而重建的过程，是利用图像中光强的强弱变化，来提取其中的点、线、边等基本要素，再通过立体视觉和运动视觉，来逐渐形成三维表达。这一过程是计算出来的，因此称为视觉的计算理论。因为他的杰出贡献，在计算机视觉和认知领域都设立了马尔奖来表彰在这两个领域有突出成果的科学家。当然，他的理论也存在一些不足，不能解释人的全部视觉行为。所以，一直有一些新的视觉理论被提出。

比如针对其认为人的视觉表达是由局部到整体的观点，中国科学院生物物理研究所的陈霖院士就有不同的看法。他在 1982 年在《科学》期刊上提出了大范围首先的几何结构理论。该理论与半

个多世纪来占统治地位的从局部到全局思想不同，提倡人的认知是大范围首先的。这套理论也有其道理。举例来说，假如在原始社会时，人在远处看到一只豹子，那引发人产生警觉和逃跑的最佳办法应该是，通过豹子的轮廓这种远距离就能分辨的特征来判断是否是豹子，而不是通过识别豹子身上那些需要近距离分析才能知道是豹子的特征，如豹子的长相。这种大范围首先的策略，在统计上是有利于物种优胜劣汰的。因为能远距离发现和识别物体，就有更高的生存概率。

与这一情况类似的，还有更早就有的格式塔（Gestalt）心理学。它也强调整体性，认为人的认知具有涌现性（Emergence）、具体化（Reification）和多尺度性（Multistability）等特点。假设有一张将斑点狗以黑白散点形式描绘出的图，涌现会从整体结构将斑点狗识别出来。类似的从图中涌现有著名的"火星人脸"，它类似于从人的记忆中去做模式匹配。格式塔心理学虽然认可这一特点，却没有解释对狗的感知是如何涌现的。具体化是无中生有，将抽象的事物实体化。比如从假想的圆周上，随机取点向外画直线，这些直线就可以围出一个虚无的圆形。多尺度是人会从不同角度去看一件事，比如我们常说的"横看成岭侧成峰，远近高低各不同"。

尽管这两套理论体系有其合理性，与马尔的计算理论相比，其不足是目前还没有很好或通用的办法能将它们形式化，写成能有效运行的算法。另外，值得一提的是，有些科学家认为，人脑在认知层面有些元素本身就是不可计算的。如果这一假设成立的话，那么可能这些元素，会成为制造与人一样的智能体的过程中难以逾越的障碍。

6

人工智能的第三次热潮（2011 年至今）

Chapter Six

*

从 2011 年开始，人工智能经历了第三次热潮。与前两次热潮的最大区别在于，以前虽然是热潮，但相关研究主要集中在科研院校里，走出去的很少。而新的热潮中，大量科研人员"下海"经商，希望形成更多能落地的科研成果，全世界范围内均是如此。同时，热潮往往是全方面而非只靠一个方向的。这也是本章希望尽可能呈现的人工智能热潮。

深度学习

神经网络卷土重来

自 1995 年左右，统计学习统领了人工智能的研究。

另外值得一提的是，机器学习也早早地从人工智能中剥离出来，成为独立的一个方向。它强调学习三要素：系统、过程、性能，即一个系统应可以通过执行某种过程来改进其性能。而撰写了第一本机器学习书的卡耐基梅隆大学的汤姆·米切尔（Tom Mitchell）教授则认为机器学习是利用经验来改善系统自身性能的。机器学习在成为独立方向的阶段，更强调面向应用、应用驱动，而非人的智能研究。因为在当时的环境下，研究实际应用远比研究明显困难得多的人类智能或人工智能要更容易实现。

而统计学习，则是机器学习的核心。尽管还有一些小的研究分支，但很难撼动统计学习的主导地位。相反，纯粹做机器学习以外的人工智能的研究，并没那么受到关注。

因为统计学习理论证明较多的原因，所以当时机器学习的主流期刊或会议，如果论文里没有理论性的证明公式，比如泛化性能的上下界、算法的收敛性和收敛速度等，都不好意思说自己是做机器学习的。

　　而神经网络的研究在这一阶段，由于缺乏严谨的理论支持，性能也不占优，没有成为大家关注的热点。然而，这并不影响那些对神经网络情有独钟的科学家们继续从事这一方向的研究。

　　2006 年，曾经提出过反向传播算法，也是现代逻辑奠基人乔治·布尔的曾外孙杰弗里·辛顿 (Geoffrey Hinton) 提出了一个新型的神经网络模型，并将其成果发表在当年的《科学》上。在这篇论文中，辛顿首次提出了深度神经网络的想法和实现的思路。

　　因为深度网络不方便训练，所以他在论文中提出，将网络分解

成若干二层的双向网络，即输入、输出的连接边是双向传递的。然后这些双向网络像积木一样一层一层累积起来组成深度网络。而每个二层网络都用数据训练好，便可以将输出层作为下一层的输入来继续训练，直到全部二层网络都训练好。这样，就能够组成一个深度学习网络。

不过，当时的主流还是统计学习，人们也才刚刚从神经网络的低谷中走出来，对深度学习模型的有效性还是将信将疑，而辛顿的模型实现的性能提升也不明显。所以，一开始并没有太多人愿意跟进，大多处于观望状态。真正让大家开始转向神经网络的研究，是6年以后的2012年。

大数据集 ImageNet
土耳其机器人立功

　　人工智能研究多数是需要有数据支持的，虽然数据量不可能无穷，但也不应该过小。如果只是在小规模的数据集上做实验，以验证提出的方法的好与坏，那么放在真实世界时，某方法原本的优势有可能经不起考验，因为小的数据集无法反映出真实世界的实际情况。但在 2009 年以前，还没有一个被人工智能领域科研工作者认可的、真正意义上的大数据集。

　　到 2009 年，事情出现了转机。在计算机视觉和模式识别国际会议（简称 CVPR，计算机视觉领域的顶级会议）上，当时还在普林斯顿大学任职的李飞飞教授发表了一篇为海报形式（Poster）的论文。该论文报道了她们自 2007 年初启动的 ImageNet 项目成果，以及附带的图像数据集。这个数据集包含了 320 万张来自 5247 类标记好的图像。图像是通过网络收集，并采用亚马逊的 Mechanical（以土耳其机器人命名的平台）将标记图像的任务进行了众包。众包的好处是能用少量的报酬让大量网民参与到对图像的标记任务中。结果，只用了两年半的时间就将这一海量数据集有效建成。这

在以前是不可想象的。因为以往对数据标注，科研人员通常是找自己单位或通过签合同外包完成，不仅时间长而且成本高。据说，如果采用常规方法来构造 ImageNet 数据集，可能需要 90 年时间才能完成。可见新型的众包标注方法，是促成真正意义大规模数据集产生的原因之一。

不过，在 2009 年 CVPR 会议上，这个数据集的发布一开始并未引起特别大的注意，大家可能更关心会议的最佳论文是谁获得的。当时获奖的最佳论文作者叫何恺明，他在 2003 年以高考满分获得广东省理科状元，进入清华大学就读。何恺明获奖的论文是关于图像去雾的，当年他才 24 岁。这篇论文的另外两位作者汤晓鸥、孙剑后来分别创立了我国人工智能领域著名的两家独角兽企业，商汤和旷视。因两家公司分别位于南方和北方，所以也有人戏称为"北旷视南商汤"。而何恺明、张祥雨、任少卿及其合作者孙剑，2015年在深度学习方面又提出了残差网（ResNet），再次获得 CVPR 最佳论文奖，成为少见的能两次获得 CVPR 最佳论文的作者。该网络也一度成为深度学习模型的基模型（Backbone）。大家只需要在此基础上，再增加新模块、新功能，就能实现不错的性能。

为了能让数据集得到更多的关注和使用，李飞飞与欧洲的图像识别大赛 PASCAL VOC 进行了合作。该大赛从 2010 年开始使用 ImageNet 作为比赛专用数据集，吸引了一大批人工智能研究人员使用该数据集测试他们提出的算法性能，因此，越来越多的人知道了这个当时最复杂的图像数据集。而 2012 年第三届采用 ImageNet 的比赛，更是让人工智能的研究产生了一次大的跃升和转型。

AlexNet 深度模型
神经网络的翻身仗

虽然杰弗里·辛顿于 2006 年就提出了深度学习的概念，但跟随去做的人还是不多。大家仍然更偏好统计学习理论衍生出来的各种新算法，毕竟有理论和有好的性能。而在 2009 年开始的 PASCAL VOC 比赛上，能够拔得头筹的算法也是源于统计学习理论，如支持向量机。

即使从 2010 年开始，在比赛中使用了 ImageNet 这个复杂的图像数据集，前两年的情况依然如此。但是，连续两届比赛的结果也并不是特别让人振奋，因为两届比赛获得冠军的算法之间的性能提升有限。

不过，到了 2012 年，这个比赛让大多数人工智能研究人员都吃了一惊。因为辛顿带着他的学生亚历克斯·克里切夫斯基（Alex Krozhevsky）等人参赛，而且拿了冠军。据说，他参赛的原因是其他人都不太愿意做深度学习的研究，所以为了证明他的深度学习的想法是对的，他就自己亲自上阵了。

当然令人吃惊的原因，不是拿了冠军这么简单，而是他们提出的深度学习网络获得的性能提升超乎想象。与前一届的冠军相比，识别的性能提高 10%。而按前两届的性能提升来预计，如果用传统的人工智能算法，可能需要 20 年才能达到。现在刚过 1 年，居然就实现了。

于是，科学家们开始认真分析辛顿和他学生克里切夫斯基一起研发的模型 AlexNet 究竟有哪些超凡的秘技。结果发现有五大主要原因：一是大数据确实是有利于深度学习模型的训练和学习的，能使模型的学习能量充分发挥；二是模型本身有不同于以往的设计，采用了分段线性函数，而不是神经网络习惯使用的、方便求导数的 Sigmoid 函数，使其避开了传统神经网络反向传播时梯度容易消失、以至于模型会过早停止训练的问题，从而进一步提升神经网络的潜

能；三是采用原来用来打游戏的显卡或 GPU 图形处理单元进行并行计算，加速深度学习模型的训练；四是数据增广技术的运用，即对图像数据通过各种旋转、剪切、放缩处理形成的新图像集；五是Dropout 技术的采用，即对网络训练时会按概率让网络中的一些连接边不参与权值调整，从而提升了网络学习的灵活性。

当然，辛顿在此之前实际上已经做了大量的研究和成功的实际应用，所以，这一次的冠军之行和让人工智能界瞩目可以算成是"第七个烧饼"。至此，人工智能的科研工作者们真正相信了辛顿提出的深度学习观点，大批原来研究统计学习的科研工作者开始转向深度学习研究，连工业界也加入了深度学习相关的研究和应用，因此将人工智能推进了第三次热潮中。

人工智能极简史

谷歌大脑计划

机器能自己认识猫了

 2012 年谷歌公司做了件让人工智能界瞩目的研究，即当年 6 月份《纽约时报》披露的谷歌大脑（Google Brain）项目。该项目是由斯坦福大学的机器学习教授吴恩达（Andrew Ng）和在大规模计算机系统方面有丰富经验的专家杰夫·迪恩（Jeff Dean）一起负责。他们用 16 000 个 CPU 核的并行计算平台，训练了一个内部共有 10 亿个节点的深度神经网络。经过近一周的训练，该网络成功地学习出识别像猫的图像。最让人工智能界觉得有意义的是，以往的学习都是建立在有标注的数据上，比如人脸图像，先分别标注好张三、李四、王五，再开始模型的训练，这称为有监督或导师学习。而这一次，猫的图像的学习模式是没有监督或导师指导的，是机器自己通过观察 1000 万张图像后习得的结果。虽然它的学习性能远不如监督学习，但在某种意义上，他更接近人类常用的学习模式，即自我学习。而自我学习恰恰是人工智能界认为，未来应该着力研究的一个主要方向。因为只有这种学习模式，才更有可能让机器像人类一样地学习。

因此，该项目在猫的图像学习上的成功，一度被视为是人工智能向人类自学习能力逼近的重要突破。

随后不少公司都宣布了自己的"脑计划"。比如百度，提出百度大脑的框架，并在人工智能方向上引进了当时华人人工智能界的"三驾马车"：2010 年在 ImageNet 比赛上获得过冠军的余凯、在统计学习理论方面造诣很深的张潼以及创立了在线授课网站 Coursera 的吴恩达（Andrew NG）。而国家层面，也有各自定义的脑计划或类脑计划的出台，似乎大家都不愿意输在起跑线上。而这些，或多或少与谷歌大脑的研究进展和当时的人工智能研究的突破有一定关系。

谷歌的无人驾驶汽车
自动驾驶时代的来临

在第三次人工智能热潮中，汽车无人驾驶也取得令人瞩目的成绩。2009 年，谷歌公司开始上马无人驾驶项目。2014 年，谷歌公司开始在内华达州进行自动驾驶汽车的测试，至 2020 年已经行驶 300 万千米以上。

在实现这一目标的过程中，谷歌公司为无人驾驶汽车安装了多个传感器，主要包括激光测距仪、超声波雷达、红外传感器和摄像头。其中安装在车顶的高速旋转激光测距仪，能提供对车辆周边远距离目标的高精度扫描和距离估计。而超声波雷达则像蝙蝠一样工作着，负责近距离的目标检测。摄像头是希望模拟人的视觉，直接采集视频信息，帮助车辆处理驾驶时可能出现的各种状况。而红外传感器则可以在夜间光线不足时，弥补摄像头无法有效成像的不足。除此以外，谷歌汽车也需要知道自己在路面上的位置。但仅靠常见的 GPS 接收器来定位，达不到自动驾驶需要的精度。为此，谷歌公司专门对无人驾驶汽车驶过的道路建立了高精度地图，以帮助车辆精确定位。

有了这些传感器收集的数据和高精度地图的保障，再加上人工智能底层算法的支持，谷歌公司的无人驾驶汽车才实现相对安全的行驶。谷歌无人驾驶汽车的成功也激发不少企业投入到无人驾驶的研发中。近年来，已经有不少车企将自动驾驶功能嵌入到车辆中，起到了辅助驾驶的功能。我们也能在很多校园、封闭园区内看到低速无人驾驶车辆的身影。

不过，无人驾驶的研究也不是一帆风顺的，有时会发生一些出人意料的交通事故。比如 2018 年优步（Uber）的无人驾驶致死案，是因为其对人从车前阴影走出来的行为过程没有及时判断所致。其原因之一在于，阴影这个最常见的自然现象，至今在图像处理和计

算机视觉领域也没有得到完美的识别。

而 2020 年 6 月特斯拉撞到了倒伏在高速地面的货车，是因为错将货车的车顶误认为是蓝天上的白云，以至于撞到货车时都没有刹车。这里涉及的一个原因是人类很容易完成的前背景分离，而对计算机来说有可能是一个困难的问题。再比如低速停车时，车辆刹不住车的问题。据说，是因为把驾驶的优先级别给了计算机而非人类，导致计算机在低速停车时，出现了规则误判。

这些都表明，无人驾驶还有不少需要改进的空间。

近些年的研究，是在尝试能真正达到 L4 级别及以上的无人驾驶，即由车辆完成所有驾驶操作，人类驾驶员不需要保持注意力。但此类无人驾驶限定了道路和环境条件。为了促成这一目标的实现，有些公司在试图构建车与车、车与道路相互关联、融合的车联网；也有些公司期望车辆能像人一样，只依赖视觉，而不用采用昂贵的激光雷达等辅助设备来实现自动驾驶。

但何时能真正实现完全自动驾驶，目前来看，未解决的问题还不少，比如防攻击能力等，前景仍是未知数。

人机大战
AlphaGo 战胜世界围棋冠军

一个学科突然热起来，一个巴掌拍不响。一个学科要冷下去，一个巴掌也拍不响。除了在 ImageNet 图像数据集上取得压倒性的胜利、谷歌大脑计划和无人驾驶汽车的成功，让学术圈对人工智能的发展刮目相看外，2016 年 3 月 9 日至 15 日在韩国首尔，谷歌 AI 系统阿尔法狗（AlphaGo）与世界围棋冠军李世石的对战，也让普通老百姓都认识到了人工智能的威力。

2016 年 AlphaGo 以 3：1 大胜李世石和 1 年后的 5 月以 3：0 大胜柯洁的结局，相对于人工智能的历史来说，其实来得算比较晚的。记得 1956 年的达特茅斯会议，人工智能科学家们曾乐观地认为十年内会有大的突破。没想到人工智能第一次战胜国际象棋冠军，是在姗姗来迟的 1997 年 5 月 11 日。当时，IBM 研制的超级电脑"深蓝"以 2 胜 3 平 1 负的成绩战胜了国际象棋世界冠军卡斯帕罗夫。而在围棋上的胜利，则又是 20 年后的 2016 年了。

难度在哪里呢？在于围棋上的变化远远大于国际象棋。围棋有黑白两种棋子，19 乘 19 的棋盘。理论上，每个落子处有黑白两种

变化，两个落子处就有四种变化，即 2^2。而全部棋盘则有了 2^{361} 的变化，相当于约 4×10^{108}。如果穷尽全部的可能来下围棋，以目前的计算资源也不够。然而，谷歌公司的 AI 团队想出了许多节省计算资源且能寻找最优落子的策略，如利用蒙特卡洛搜索从巨量搜索空间中寻找近似最优的落子方式，如将棋盘的落子形式看成图像来直接评估棋局双方的胜负赢面，如用强化学习来分析落子的策略等。另外，为了能让 AlphaGo 学习到围棋的对弈经验，谷歌 AI 团队也利用了其公司拥有的强大算力，让 AlphaGo 研究了近 15 万人类高手的棋谱，并自我对弈 3000 万局。最后，他们研发的围棋系统不仅能确定自己的落子在什么位置更好，也能预判对手的棋力和是否快输了。比如 AlphaGo 和李世石的一局比赛还没比完，AlphaGo 就已经预判到自己赢了。

正是这些细节的支持，让 AlphaGo 战胜了世界冠军李世石和柯洁，让围棋界认识到人工智能的强大，也让围棋界感到震惊——原来还有 300 年来在棋谱中从未出现过却很有用的棋着。以至于最近这些年，已经有不少围棋选手在比赛时，采用 AlphaGo 的落子技巧。这可谓是人工智能对围棋界的一次颠覆。

波士顿的大狗
现代版的木牛流马

　　人工智能已经可以战胜人类的围棋冠军，在 21 世纪来临后也成绩斐然。其中，最让人印象深刻的是 1992 年由马克 - 雷波特成立的波士顿动力公司研发的机器人系列。

　　最初研发的是机器大狗（BigDog）。这个机器狗体型庞大，动力十足，奔跑能力强，负载能力也很好，还能应付复杂地形、爬楼梯，形态上和功能上都与诸葛亮研发的木牛流马有些神似。为了强调其平衡能力很好，公司经常放出各种脚踢机器大狗的视频，流传甚广。不过，第一代的全地形机器大狗原计划是给美国军方装备的，但因其引擎噪声极大、很容易被发现，且维修和维护不易、不方便投入实战部署，最终遭美国军方弃用。

　　后来该公司又研发了更为小型的四足机器狗"点点"（Spot）。该款机器人更为小巧、安静，且成功地转型为商用机器人。通过增加附加功能后，"点点"不仅很难摔倒，还能协作开门，拖卡车甚至跳街舞等。这款机器人也是被众多机器人公司仿制得最多的一款。与机器大狗相比，其不足之处是动力稍弱一些。比如楼梯台阶稍微高点，有可能机器狗就爬不上去了。

　　而其于 2013 年开始研发的人形两足机器人和轮式机器人，则将与其他机器人公司研发的同类产品拉开明显差距。比如，在网上常看到的人形机器人 Atlas 完成了三级跳式上台阶。打个比方，杂技演员在手上竖了三根竖直叠在一起的棍子，要求做到在运动中三根棍子不会散架掉下来，这一动作背后有着复杂的数学方程和控制理论，也体现了高超的自动控制和液压驱动能力。Atlas 的三级跳便是如此。波士顿动力公司在机器人研发上的成功，意味着人工智能在机器人领域走上一个新的台阶。

深度学习的端到端
产业界走上前台

自深度学习提出以来，有个概念就成了它的标志，即端到端，英文为 end-to-end。与之相比，传统人工智能在设计模型执行任务时，一般需要两步走。第一步是了解任务的特点。这需要与熟悉该任务或应用场所的专业人士进行沟通，才能够找到解决问题最重要的特征。第二步则是设计预测模型，让该模型能够更好地适应问题，并且获得好的性能。这两步一般是分开的。在第三次热潮前，两步中谁更重要，在人工智能的分支学科——机器学习和计算机视觉领域的观点是不同的。机器学习认为模型的设计更重要，而计算机视觉则认为只要特征选得好，模型粗糙点也无所谓，或用简单的学习器也够了。

与之相比，深度学习的做法则明显不同。它是设计一个完整的模型，里面包含了特征的提取和预测模型的设计。整个模型通过大数据学习和训练来调整到其具有最佳预测能力。对于该模型，输入端就是原问题的特征，输出端则是需要的答案。两步走被合并成一步走，所以是端到端的设计思想。

　　它的一个好处是极大降低对领域知识的需求，因为了解任务特点的活被深度学习自己干掉了。所以，它也让人工智能研究者能更方便地介入到其他行业的研究与应用里去。以至于有人认为，未来的行业可能只剩下计算机和艺术。前者的原因就在于深度学习端到端的设计理念，可以同化各行各业。而后者则是因为计算机似乎还没完全攻破艺术的大门。不过，大家没有想到的是，艺术在某些方面对人工智能来说也是简单的。

　　深度学习端到端的设计理念，在人工智能学术研究上，还有个有趣的现象。以前统计学习理论流行时，从事相关研究的科研工作者往往不太喜欢神经网络，他们倾向性地认为没有理论证明的工作

人工智能极简史

都不是特别完善的。因此，但凡在期刊或会议上评审到神经网络的论文，统计学习流派的评委都偏向拒稿。而到了深度学习阶段，如果论文里的模型不是按端到端思想设计，还是走原来两步走老路的，深度学习流派也喜欢拒掉这方面的论文。这大概就是科研领域的"风水轮流转"吧。

生成对抗网

左右互搏的"周伯通"

说到第三波人工智能的热潮的兴起，有一个方法也是功不可没的，它就是 2014 年 Ian Goodfellow 提出的生成对抗网（Generative Adversarial Network，简称 GAN）。在这个网络里，有两个子模型，一个叫生成器，另一个叫对抗器。生成器是希望生成以假乱真的数据，而对抗器则是要防止这个假数据与真实数据相同。生成器和对抗器之间会迭代比较，直到生成对抗网获得足以乱真的数据为止。

这种学习过程很像金庸小说《射雕英雄传》里老顽童周伯通练左右互搏的经历。在小说里，东邪黄药师将周伯通囚禁在桃花岛的牢房里，试图逼迫其交出武林秘籍《九阴真经》。周伯通虽然有，但因为有承诺，不能偷练《九阴真经》里的武功，所以为了打发时间，就在牢房里用自己的右手攻击自己的左手，左手则防止右手的攻击，左右互搏。就这样练了很久后，当他从牢房出来时，他自创的左右互搏术让原本打得过他的黄老邪也忌惮三分。

当然，生成对抗网的实际技术细节是比较复杂的，但基本道理与左右互搏术类似。它最重要的作用是能够解决数据不足，无法训

练好模型的问题。比如某个应用场合的数据采集比较困难的时候，就可以用它来生成大量逼真的虚拟数据，以帮助充分训练针对该应用设计的深度学习模型。

人工智能的科研工作者们发现这个技巧特别好使，所以也将它嵌套于不同的深度学习模型中，形成了各种各样的推广，比如人脸的变脸编辑、年龄衰老预测等，这也使得生成对抗网成了深度学习中不可或缺的重要模块。

强化学习
从狗的条件反射学来

强化学习（Reinforcement Learning），在第三次热潮中，也得到了较以往更明显的突破。从本质上来说，它是智能体通过与环境的交互，根据当前状态来调整动作，以获得奖励的策略。强化学习通过评估多次奖励的累积为回报，来做出回报最大化的决策。比如下围棋里的环境就很简单，只有棋盘和围棋的规则。而无人驾驶中的环境则非常复杂，所以针对无人驾驶的强化学习研究大多限定在仿真环境中，以去除不必要的环境因素。

从历史中溯源，强化学习的历史大约能追溯到 19 世纪末。有人说，俄国著名的生理学家伊万·巴普洛夫（Ivan Pavlov）的条件反射实验就是强化学习的表现。他发现，研究人员给实验用的狗喂食物时，狗就会分泌唾液。经过反复多次的操作后，狗会在没有吃到食物或者只是听到饲养人员的脚步声时，就开始分泌唾液。他基于这一观察，设计了经典的"狗分泌唾液"的条件反射实验。

巴普洛夫还发现，通过反复摇铃再给食物，能让狗在食物和铃声之间建立联系。他因此推断，这种刺激（摇铃）和带奖赏或惩罚

的无条件刺激（给食物）之间的多次联结，会让狗或一般个体在随后只呈现原刺激时，也能诱发无条件刺激下的条件反应（即分泌唾液）。更一般的说法是，这种反复多次的联系帮助大脑皮质中两个对应的兴奋灶建立了临时性的神经联系，从而产生了学习。

而奖励狗食物的过程，与强化学习的机制相同。所以，他的实验被视为强化学习的经典案例就不足为奇了。而后，强化学习在研究动物行为和优化控制两个方向上得到进一步发展，最后进一步转化抽象成为能反映状态变迁的马尔可夫决策过程（Markov Decision Process），并由体现状态价值和动作价值的贝尔曼方程所描述。大多数强化学习算法均以此为基础展开。

事实上，在人工智能发展的前两次热潮中，强化学习很少成为过主流。一个主要原因是奖励函数的设置特别依赖于人的经验，因此往往局限于少量场景。另外，强化学习算法性能受噪声影响大，如随机种子、初始值等，其稳定性并不好。进一步来看，其最优目标在优化过程中，还涉及大量控制论相关的方程式，这还要求研究强化学习

169

的人具有比较扎实的理论基础。所以，强化学习一直不温不火。

而到了 2016 年，深度强化学习上场了，由其训练的智能体 AlphaGo 战胜了世界围棋冠军。一个主要的变化是采用了 2013 年 DeepMind 公司 Volodymyr Mnih 等提出的深度 Q 学习（Deep Q-Learning Network，简称 DQN）。其中一大优势为，强化学习中的价值函数，不再需要通过表格的形式迭代，而是利用大数据和深度神经网络来学习，从而使其可以获得成千上万种可能的动作价值函数。另外，利用经验池回放的方式，可以从大量人类专家的示教数据中学习，再加上蒙特卡洛树搜索(Monte-Carlo Tree Search)进行最优值估计，使得下棋程序能更有效地从海量可能性中寻找到最优动作值。因而，强化学习下围棋的能力得到大幅度的提升。

从此，深度强化学习开始在诸多方向中得到应用，如 OpenAI 公司的基于强化学习的智能驾驶仿真平台，DeepMind 的星际争霸游戏，甚至在量子力学与核聚变方面都有相关应用。同时，从考虑高奖励状态 - 动作对的功劳分配（Credit Assignment，1961 年由明斯基提出），以及从考虑试错（Trial-and-error）策略的探索和利用优化算法的搜索——探索和利用（Exploration-Exploitation）的角度出发，深度强化学习也衍生了大量新的分支方向，如引入专家示教数据的模仿学习，通过专家示教数据反向学习奖励函数的逆强化学习，等等。

然而，由于强化学习对环境的依赖性很强，目前大多数研究仍停留在仿真平台上，或一些简单环境的实际应用上，要走向复杂环境，尚需时日。

知识图谱
包罗万象的知识库

知识图谱（Knowledge Graph）的概念是 2012 年由谷歌公司提出的，是一种结构化的语义知识库。它可以看成物理符号系统假设的一种实现，因为它推崇以符号形式来表述实际世界或数据世界中的概念及相互关系。

而其最初的起源则可以追溯到更早的 1960 年的语义网络（Semantic Networks）。当时主要用于自然语言处理领域，旨在对知识形成有效的表示。十年后，知识库（Knowledge Base）被认为是人工智能学习中的必备要素，得到广泛重视。尤其是当时流行的专家系统，更期望能够将专家利用知识进行决策的过程形成有效的知识表示。当时，主要采用两种形式，一是基于明斯基提出的框架理论，一是利用类似"如果—则"的产生式规则（Production Rules）。

到 1980 年，源于哲学的本体论开始在人工智能界盛行，它致力于将特定领域内的术语集合或概念集合及其相互关系进行形式化后表达成本体。因为具有结构化的特点，易于形成领域内的共同语言，所以，本体可以便利地在计算机系统之间进行传播和实现

共享。

　　基于这一观点，在 1984 年产生了一个非常著名的实验，由人工智能研究员道格·莱纳特（Doug Lenat）和他的同事们倡议的 Cyc 工程。Cyc 的命名源自"百科全书"的英文名 Encyclopedia。该工程的本义是想挑战通用人工智能，希望能建立"包罗万象的知识库"。他们最初乐观地估计，Cyc 工程可以通过 200 人左右多年的手工采集来完成。但可能由于目标过于宏大，以至于实际的推进过程中，很多想法、设计都不得不推倒重来。直到 1994 年，该项目才有了一些有技术含量的不错的演示。但是，在对用户的一些常识问题的质询中，比如类似下雨出门要不要打伞，Cyc 却无法做出有意义的回答。科学家们推测，可能是因为这个知识库的知识体系过于零散，在知识的收集上并不完整造成的。虽然不是太成功，但此工程也为今后构建更为完整的知识库如 OpenCyc1.0 到 OpenCyc4.0，甚至后来的知识图谱都提供了重要的启示。

再往后，便是在万维网（World Wide Web）基础上发展而成的语义网络。它将各种互联网资源或知识相关的实体链入到语义网络中，通过本体描述语言的一种，即资源描述框架（Resource Description Framework，简称 RDF）进行命名，以实现互联网资源的组织与交换。

直到 2012 年谷歌公司正式提出知识图谱概念，并发布了相应的搜索引擎产品，知识图谱才最终稳定下来，成为人工智能领域的重要分支方向。粗略来讲，知识图谱是通过"实体 - 关系 - 实体"、实体与相应属性形成的值对，以及实体之间的联结，形成了如网状的知识结构。而这个网状结构里的每个节点，还允许其由更为细化的基础元素来表达。如"张军平撰写了《爱犯错的智能体》"，就包含了两个实体——张军平和《爱犯错的智能体》，两个实体的关系可以用由实体张军平指向另一实体《爱犯错误的智能体》的边表述，意思是撰写。另外，《爱犯错的智能体》中可细化的基础元素又包括出版时间、出版社、图书类型、发行册数等基本信息。

在知识图谱的帮助下，既可以实现针对通用领域的知识图谱构造，也可以为特定领域做定制。在此图谱上，人们可以方便地进行知识的搜索、问答和辅助人工智能的预测和分析。而其构造，则一般需要考虑从各种类型数据（结构化、非结构化、半结构化）上进行数据获取，并通过属性、关系和实体的分解来实现信息抽取，再利用知识库对知识进行融合和消除一些实体的歧义。在此基础上，再由领域专家定制形成本体。最终，利用知识图谱，通过基于逻辑规则（如一阶谓词逻辑）、基于神经网络或深度学习的方式来实现知识推理。

与 Cyc 工程不同在于，谷歌知识图谱里的知识是从维基百科中自动提取的。据报道，到 2023 年 1 月为止，维基百科已经收录了660 万篇文章，将近 40 亿个单词，5700 万个网页，且每月预计会增加 17 000 篇文章。

值得指出的是，知识图谱主要研究了人的高级智能，但对于底层的、无须或难以用知识表示的智能（如行动和反应），仍缺乏有效的表述方式，需要与人工智能的其他方法融合处理。

7

人工智能的未解难题与未来

Chapter Seven

*

虽然人工智能目前仍在第三次热潮中，但需要提醒的是，智能研究的发展是螺旋式上升的，不可能一直都站在峰顶。更何况，人工智能领域实际还存在大量未解的难题。因此，本章中将讨论几个重要的难题或问题，希望读者在未来能找到一些可能的解决方案。

莫拉维克悖论

复杂却简单，简单却复杂

尽管目前人工智能处在第三次热潮中，但解决的问题大多与预测有关，如预测人脸的身份、预测人群的密度、预测年龄等。近年来，为了提高预测的性能，也增加了不少新颖的模块在深度学习模型中。如利用注意力机制来模拟人类的视觉关注方式，利用多尺度技术来模拟由粗糙到精细的分辨方式，利用残差块来提高信息的集中程度，从而帮助模型更快地学习和收敛，引入可形变卷积来更好地描述图像中目标的轮廓，引入时间模块来学习和预测时序数据的规律。

另外，海量级的数据集上的预测性能已经达到了实用级，比如机器在人脸识别的性能上已经超过了人类。正因为如此，我们在机场、高铁站等处才能看到大量的人脸识别系统的部署，也能看到由于车牌识别性能实时性的提高，许多人工收费的停车场已经采用了全自动的收费系统。但是，人们在看到预测能力提升的同时，也需要清楚的是，人工智能领域仍有大量与智能相关的问题尚待解决。

20 世纪 80 年代由汉斯·莫拉维克、罗德尼·布鲁克斯和马文·明斯基等阐释的经典难题，被称为莫拉维克悖论（Moravec's Paradox），它至今尚未被解决。它属于人工智能里的一种反直觉现象。

粗略来说，就是人类认为复杂的事情，人工智能会觉得简单；而人类觉得简单的，人工智能会觉得复杂。举例来说，围棋对人类而言是复杂的，一般人很难学会。因为规则复杂，下棋时需要做的预判很难把握。要想下得好，还得背棋谱。

但因为围棋的下法是可以编程的，也可以通过有效策略如蒙特卡洛搜索，来实现快速确定下一步的棋着，而且人工智能可以依赖计算机的算力进行人类做不到的巨量计算。结果，人工智能反而会认为下围棋是简单的。而人出门的时候看到天空乌云密布或下雨了，会返回家拿伞。这种常识性的处理方式，计算机会觉得复杂。再比如人类小孩 4 岁时所具备的认知能力、抓物能力、行动能力，计算机也会"觉得"复杂，难以应付。而这些能力，4 岁的小孩都能轻松掌握，更不用说成人了。一个可能是很多人类觉得简单的问题，但目前尚无有效的办法将其转化为能编程的算法。另外，还有一些科学家认为人脑的认知中有一部分是不可计算的。

这都使得莫拉维克悖论有它存在的理由，但它也意味着，人工智能要想在未来达到或超越人类智能，存在很大难度。

偏见与风险

人工智能并不公平

在潜意识里，人类可能认为人工智能是公平公正的。然而，人工智能并不是如人所想。在构建人工智能系统的各个环节里都会不可避免地引入各色各样的偏见，甚至会产生巨大的风险。

首先可见的是性别偏见。比如人工智能历史上，著名的达特茅斯学院暑期学校的邀请名单里就没有一位女性。而在长期的人工智能研究中，情况依然如此，从事人工智能研究的男性占比要远大于女性。即使是在 OpenAI 公司。研发了聊天生成式预训练转换模型 ChatGPT 的团队中也只有 9 人是女性，其余 78 人均为男性。这显然会影响到人工智能系统的构建，形成潜在的性别偏见。

而在数据收集过程中，同样会产生偏见。这种偏见，有的时候会误导人工智能模型的预测。一个有名的例子是对阿拉斯加犬和哈士奇犬的图像识别。虽然人工智能在这两类犬的识别上成功率很高，但通过分析却发现，阿拉斯加犬之所以能被准确区分的主要原因，并非对犬的识别有多准确，而是因为阿拉斯加犬相关的图像多数背景是冰天雪地。以至于人工智能只要识别出冰天雪地，即可判

定该图像为阿拉斯加犬。它说明算法本身并没有理解这两种犬之间的差异。这是数据收集过程不公平导致的偏见。

无独有偶，2015 年谷歌公司的 Photos 将一位黑人和其朋友识别成了大猩猩，且无论如何修改算法，也无济于事，以至于谷歌公司最终不得不将与大猩猩相关的搜索从系统中删除。事后分析，可能是训练数据的输入人员在选择数据时引入了个人的偏见。这是种族方面的潜在偏见。

另外，还有算法设计与模型建立时的偏见、目标预测时所用评估准则上的偏见，等等。比如在设计聘用人员优先次序的算法时，将年龄作为重要特征引进来，这就会导致算法偏见的出现。甚至还有统计偏见。比如采用人均收入，有可能因为某些有钱人的积蓄多，导致平均收入被拉高，从而使更多人感觉自己的收入实际达不到平均收入。在此情况下，统计指标采用中间值，就会少一些偏见。

显然，从带有偏见的数据、模型中总结出来的经验是有偏的。一般，我们会将这种有偏称为归纳偏置。而要保证公正公平和利用人工智能辅助决策，就必须对归纳偏置进行消偏。

另外，数据的分享也是存在风险的。虽然人类希望能善用数据，但有的时候因为市场竞争或其他原因，将数据分享出去有可能会造成个人隐私数据，甚至国家机密的泄露，产生不可估量的损失。举例来说，如果某对话软件深得大众的喜爱，而它又具备搜集和整理数据的能力，那么当一个公司将涉及商业机密的任务交给其代笔时，就可能造成泄密。这也是我国 2021 年出台《中华人民共和国数据安全法》这一法规的重要原因。

近年来，随着人工智能技术的提高，人工智能也有能力制造一些"以假乱真"的图像、音频、视频，甚至假新闻，也可以利用人工智能模型的漏洞进行安全攻击。比如在交通标志全停牌"Stop"图标上加上若干小的黑白块，就可能让人工智能算法将其错误地识别成"限速 40 千米每小时"。事实上，人工智能造假的音频已经给某些人或公司带来了财产上的损失，而对交通标志牌的攻击可能会带来人员的伤亡和车辆的损毁。类似的情况还有不少。如果不能提高人工智能模型对这些"假事件、真攻击"的防御能力，那么很有可能会妨碍人工智能在未来的良性发展。

快思维与慢思维
思维不一定都缜密

人类如果从胎教算起，到大学毕业一般需要 22 年。而现今很多人会攻读博士学位，则需要 27~30 年。通过长期的学习，获得的知识帮助人类形成了缜密思维模式。比如读书的时候，解答新的数学题，则需要缜密的思考。这是慢思维。

但从学校毕业后，大家又发现很多知识是用不到的。在实际生活和工作中，如大学高等数学中像求微积分一样需要严密思考的情况并不多见，人们会点"加减乘除"，会使用电子表格，也基本能应付与数字相关的各类事情了。这时就用不着慢思维。

还有更多本能的反应，如看到火会躲，手碰到尖刺会快速收回等，也是不需要缜密思考的，这些是快速反应、快思维，能帮助人类在意识到危险前，就执行避险动作。

实际上，科学家们很早就发现了这一现象。人类在思考问题、执行任务时，往往会根据情况来决定采用快思维或慢思维的模式，也会根据情况在这两种模式间进行转换。比如我们平时走路，很少有人会去看路面是什么材料的，有没有凹凸，这就是快思维。但如

果某天下雨，走路时不小心突然滑了一下。那么，此时人走路就会慢下来，走的时候脚会感觉到路面的泥泞、坑坑洼洼等细节，好像脚上的"传感器"都突然苏醒了。这是从快思维转换到了慢思维上。

然而，现有的人工智能还不具备这种快慢思维任意转换的能力，对快思维的形成机制研究也相对较少。其中一个原因是，人类的一些快思维决策，如条件反射式的快思维，有科学家认为部分可能是源自脑干而非源自在脑干基础上进化出来的大脑皮质。而脑干被大脑皮质包裹着，受医学伦理约束，更难以探索和分析。

另外，人类具有的一个更为高级的能力——直觉推理能力，也与快思维有关。比如中学生"刷题"，刷到一定程度后，有可能看到题目就直接想到了答案，如果用人工智能来比拟的话，它就好像是先用深度学习模型学好了，然后直接跳过原有模型里的全部连接，直接从输入端跳到输出端，并一样获得了好的答案。这种跳过原有模型直接找答案的能力，也是目前计算机所缺乏的。当然，也有科学家认为，一部分的快思维主要是由于人类善于总结规律，通过慢思维的学习后将很多决策浓缩成简单的规则，从而加速了思维的进度。但如果人工智能采用规则的模式，又需要避免组合爆炸的问题。

不管怎么说，快思维的来源究竟是什么，目前还没有公认的答案，但它又确实普遍存在。如果人工智能或其他学科（如神经科学）能揭示出人类快慢思维的奥秘，也许我们可以让人工智能的学习能力再上一个台阶。

没有表示的智能
感知不处理，何谈智能

    1991 年，麻省理工学院人工智能实验室的布洛克斯（Rodney A. Brooks）注意到，在尝试完整复制人类智能的研究道路上，人工智能研究者们的热情和努力似乎在减弱，反而更偏好研究人工智能领域中相对狭窄的子问题，如知识表示、自然语言理解、视觉或更专门的领域如规划和推理等。虽然这些努力取得了成功和大量的成果，但他认为，把智能分解成若干子问题来研究取得的成功，并不会导致真正智能的出现，其主要原因可能是：首先，人类智能过于复杂，能否将其合理分解成若干正确的子问题有待商榷；其次，即使知道这怎样分解，可如何将这些子问题有机地组合，目前也是不确定的；最后，人类从未懂得如何分解人类的智能，除非我们在更为简单级别的智能上有过大量的实践。

    更直观来说，他认为人工智能应该像人一样，把对实际环境的感知考虑进来，而不能只停留在过于抽象的推理和决策以及为此建立的符号和逻辑上。这在当时掀起了轩然大波，因为这一理念与人工智能一度占主流的斯坦福大学（或麦卡锡流派），即强调逻辑、知识表述和推理的流派，是不同的。

与批判人工智能并认为其类似于炼金术的著名哲学家德雷福斯不同的是，布洛克斯除了批判当时人工智能的思维模式，还提出了一套建立人工智能新范式的可行策略：（1）应逐渐扩增智能系统的容量，让其在每一步都是一个完备的系统，并自动确保系统的每个片段和它们之间的融合和协同是有效的；（2）每一步建立一个完备的智能系统，它要能与有真实传感和行动的实际世界交互。而任何比它弱的系统，他认为都是自欺欺人的"智能"。

通过对自主移动机器人的研究，他还发现：（1）当审视极简级别的智能时，世界的显式表示和建模与他提的策略是一致的。这表明，采用世界本身来建模会更好；（2）在建立智能系统最庞大的部分时，"表示"（representation）是错误的抽象单元。然而，在人工智能的研究进程中，表示却一直是中心问题，因为它为相互孤立的模块提供了一个连接面。但事实上，很多时候并不需要进行表示的抽象。比如一个蜘蛛形机器人在路上遇到一道坎时，可以不要先验知识，也不需要进行缜密思维，直接翻过去就是了。

布洛克斯还分析了地球生命的进化史，认为语言、专家知识等属于智能的高级阶段。这些高级阶段是建立在能帮助人类在动态环境中幸存的能力（如视觉、移动性）的基础之上的，且高级阶段进化的时间长度相对短得多。所以，智能对底层感知和行动的依赖要远胜于后期的高阶表示，即"没有表示的智能"，也可以说是"没有抽象的智能"。因此，要研究好智能，就必须先把这些基本能力实现好的模拟。从某种意义来看，布洛克斯的观点，也是对先前提及

人工智能极简史

过的"物理符号系统假设"的否定。

　　布洛克斯教授凭此发现获得了 1991 年国际人工智能联合大会的计算机与思维奖。遗憾的是，自他提出"没有表示的智能"到现在，已经过去了 30 多年，但人类还是更热衷于研究与表示相关的问题，而更困难的、模拟人类级别智能的研究成果依然是乏善可陈。

因果推断与反事实推断

门票越贵，游客越多？

人工智能研究中，常发现事件之间存在因果关系。比如天上乌云密布，打雷闪电，那么不多久就有可能会下雨。这就是因果，前者是因，下雨是果。再比如汽车的启动，要按下启动按钮，才能启动，这也是一种因果。

近年来，概率图模型和图神经网络都致力于以构造图的形式分析数据间的关系，从而解决人工智能里的一些实际问题。比如全球气象网络的降水预测问题，社交网络中的网红带来的流量效应，生物分子网络里的蛋白质空间折叠问题，等等。尤其是图神经网络，在 2022 年人工智能顶级会议——神经信息处理系统国际会议（Neural Information Processing Systems，简称 NeurIPS）上已经成为受关注的前三名主题之一。2023 年盛行的 AI4S（Artificial Intelligence for Science），其研究范围中也存在大量需要图神经网络的应用。

在图神经网络的研究中，不仅要关注数据间的相关性，为了实现强人工智能和真正的推理能力，还需要进一步引入因果推断技术来学习数据背后的因果机制。不过，目前因果学习还存在一些问题，如缺乏高维场景下的因果发现能力。另外，当数据的维度过高时，计算不同维度间的因果效应所需要的时间过长，在计算量上，以现有算力也难以满足。

值得注意的是，因果性还需要与相关性区分开来。比如有人做过研究，发现一个国家宜家商场的数量越多，则获得诺贝尔奖的数量也多。看上去，似乎只要多建宜家商场，所在国家就能增加获得诺贝尔奖的数量。然而，这个例子只表明了宜家商场的数量与诺贝尔奖数量的正相关，并不能推断出增加宜家数量会导致获得诺贝

尔奖数量增加的结论。所以，这种关系只表明两个变量之间存在关联，但不是因果关系。

另外，在分析相关性和因果关系的时候，需要排除数据或信息不完整带来的影响甚至错误结论，比如漏了某些信息的时候。以某旅游景区的门票的售卖为例，如果不考虑时间这个变量，似乎门票越贵，来的游客越多。门票价格与游客数量呈正比关系。但如果把时间考虑进来，便会发现，景区在旺季的时候，旅客人数增加，门票价格上涨了，淡季则相反。考虑了时间因素后，可以发现门票价格上涨会导致游客人数的下降。

不仅遗漏信息会导致结论错误，合在一起也可能出错。如1951年提出的辛普森悖论就曾指出，某个条件下的两组数据如果分开讨论时都是合乎情理的，但合并到一起讨论时，有可能就会得到完全相反的结论。一个常用的例子是关于两个学院在招生中女性被歧视的数据。合在一起看数据时，似乎数据没有什么问题。但实际上它是一个以文科为主和一个以理科为主的学院的数据合成在一起的。前者以文科为主的院校女生招得多，后者男生多。在两个学院的单独表格里，女性实际上更容易进入大学。但因为两个学院招收的人数不同，数据合在一起后就产生了女性容易被歧视的错误结论。

除此以外，人类在因果推断中，特别喜欢做一些于事无补的推断。如果存在一个平行世界，对已有的因果关系做一些反事实的推断，观察是否可能出现不同的结论，这样也可能帮助人类更好地理解变量间的真实因果关系。

数字孪生

人工智能也需要平行世界

　　说起平行世界，人们一般想到的会是物理学家和科幻小说里面经常提到的平行世界。有科学家认为，人的各种活动会有不同的概率表现。每种表现会出现在一个平行的世界里，所以假想的平行世界可能不止一个。如李连杰主演的电影《宇宙追缉令》（英文名：The One）中，平行世界居然有124个，每个平行世界都有他的一个"分身"。

　　而对于人工智能来说，平行世界也是近年来科研人员关注的研究热点。它的意义在于能够提供一个仿真的平台。在这个平台上，可以模拟实际世界的环境，并进行各种各样的测试。理想情况下，它可以完全仿真实际世界，相当于一个并行的平行世界，所以也有人将其称为数字孪生。

　　这种平台有几个好处。

　　一是没有实际环境中的那么多干扰因素。这一点很重要，因为实际应用中，数据清理是让很多人头痛的"脏活"。不提前做好数据清理，人工智能要处理的任务很可能会因为数据太"脏"而无法实现，但仿真环境则没有这个问题。在仿真环境中，人工智能可以单纯地针对某一任务来学习。

二是因为是仿真的原因，数据量可以足够大，因而能做海量的仿真。比如智能驾驶，在实际环境中产生的变化受时间、空间和成本等因素限制，不可能提供巨量的变化，而仿真却可以进行随意的组合和场景生成，不受这些因素的影响。

三是可以加速训练。有些研究如果在实际世界中只能按正常的时间进程来执行，比如自动驾驶，研究过程会非常漫长。但在数字孪生环境中，只要硬件和算法允许，就能够进行加速训练和学习。比如 1000 千米的自动驾驶测试，在实际环境中需要 10 小时；但在数字孪生环境中可以 1 小时甚至更快地完成对整个路线的模拟，且不存在出现任何交通事故的风险。

四是可以反向操作。在实际世界中存在各类风险的情况或成本

人工智能极简史

昂贵的实验。这些都可以在不需要考虑人员伤亡的平行世界或数字孪生环境中进行。因而，它能够帮助从实际的环境中发现潜在的问题或危险，有助于提前终止一些事故的发生。目前在无人汽车、无人飞机、智慧城市等研究中都能见到它的应用。甚至 2022 年突然火起来的元宇宙（Metaverse），也有科学家建议将平行世界作为其平台的核心要素。

不过，平行世界的构建是个复杂巨系统。模拟一个局部区域，相对容易，但是要想完全模拟或复制呈现一座城市甚至更大的地区，要考虑的细节太多，这已经远超出了现有环境的计算极限。所以，数字孪生或平行世界，到底是不是"看上去很美"的一个理念，需要时间来检验。

自我意识
庄周梦蝶与缸中之脑

　　现实生活中，人类的梦境其实有点类似于与现实平行的一个世界，只是它更为虚幻。但有的时候，人处在梦境中会分不清自己究竟是在现实中还是梦境中。关于这一现象，东周战国时代的庄周在其书《庄子·齐物论》专门讲了一个自己梦蝶的有趣故事。

　　这个故事的大意是，庄周有次出游，休息时在草地上睡着了，

梦见自己变成一只蝴蝶。在梦里，化身为蝴蝶飞得非常开心，以至于他都忘记自己是庄周。等庄周醒过来后，有点恍惚，因为他不确定现在自己到底是庄周还是蝴蝶，也不确定自己是在蝴蝶的梦里变成庄周，还是在庄周的梦里变成蝴蝶。该故事从某个角度表述了人对自我的怀疑。

无独有偶，在国外有"缸中之脑"（Brain in a vat）的思想实验。该实验出现在 1981 年由美国哲学家希拉里·普特南撰写的书《理性、真理和历史》（*Reason*，*Truth*，*and History*）中。它也是用来阐述"自我是否为真的"。它假定某人的大脑被一个邪恶的科学家取出放在培养液中，然后给大脑插上电极，并让电极与一台电脑相连。该电脑将模拟此人的所有感受，让大脑误以为自己是活在一个真实的世界，且也有手有脚，能言善听。一个困扰人们的问题是，大脑如何知道自己不是活在所谓的真实世界里。

这两个故事其实都与人对自我的认知、自我意识密切相关。不过，遗憾的是，人类目前在"什么时候是自己、什么时候认为自己是自己"的问题上，还没有完全弄清楚。对于意识的形成也是众说纷纭，没有一个说法是被大家公认的。然而，它却与强人工智能的发展密不可分。如果未来想像强人工智能的研究者们所期望的那样，产生一个真正有自我意识、行为处理都与人类一致的机器人，而不只是产生一个看上去像但实际机制完全不同的人工智能体，这一点是必须弄明白的。

人机融合与协作

各有利弊，相互弥补

　　人工智能在现阶段已经取得很多突破，比如前文所说的，在人脸识别上已经超越人类的识别能力，AlphaGo 完胜于人类棋手。但是，它也不是万能的，至少在现阶段与人类智能相比，还存在诸多不足，尤其在处理不确定性、不能量化、不可计算的问题上。

　　除此以外，单纯依赖人或机器也存在潜在风险。比如，2014 年的马航 MH370 客机失踪事件，据推测是驾驶员的问题导致了飞机的失踪，至今仍是杳无音讯；而 2019 年的埃航 370 MAX-8 客机坠毁事件，是驾驶员过分信任飞机的自动巡航程序。结果，其高度检测仪发生错误，而驾驶员又无法接管，最终导致飞机坠毁。

　　事实上，在车辆驾驶中，这两种情况都屡见不鲜。路怒症、疲劳驾驶、情绪失控等，这些都是交通事故发生的人为诱因。而无人驾驶时，对意外事情预估不足或程序设计不完整也容易引发事故。比如 2020 年特斯拉汽车撞上一辆倒在高速路上的货车，2021 年事故又重演，就是因为错把货车的白色车顶识别成天空了，这是人工智能算法的问题。

　　这些事例都说明，过分相信人和过分依赖机器都不可取。人工智领域的科学家们认为，不妨考虑人机混合来增强人工智能的智能水平。

　　实际上，2017年7月8日由国务院印发并实施的《新一代人工智能发展规划》中，对我国人工智能发展战略做了全面部署，将人机协同的混合增强智能作为规划部署的五个重要方向之一。混合增强智能的形态又细分为两种基本形式：人在回路的混合增强智能、基于认知计算的混合增强智能。比如，外骨骼技术、脑机接口，就是在尝试人机混合的增强智能形式。

　　所以，未来人工智能发展的必然趋势之一是实现人机混合，通过优势互补，实现混合增强智能。

机器会拥有智能吗

智叟与愚公之争

人工智能自出现以来，人类就一直有这样的担忧——人工智能到底能在多大程度、在哪些领域能取代人类的工作。随着工业机器人的出现，我们能看到一些工业制造流水线的工作逐渐被取代，毕竟高效、精准、不知疲倦，也不用担心出现人身伤亡事故的机器人，在这个方面要稳妥得多，更何况还能极大地降低生产成本。除此以外，因为不需要人长时间在流水线上操作，机器通过自身的检测设备就能保证其操作的正确性和稳定性，自然也不需要照明设备，所以，"熄灯工厂"就应运而生。

而自动驾驶的出现也在一定程度上解放了人在驾驶方面的压力和强度，尤其是飞机上。相对汽车的自动驾驶，飞机自动驾驶在空中面临的环境要简单得多。在其他领域的工作，也不乏人工智能的身影，比如语音客服，目前多数通过电话沟通的客服都或多或少引入了人工智能，有的是直接进行语音回答，也有的是通过自然语言理解实现的基本问题的回复。在高铁、机场的验车票环节，人脸识别的方式已明显提升了检票效率。

人工智能极简史

很多人认为人工智能可能在不久的未来会取代人类，因而有了一丝丝危机感。网上还曾流传过波士顿动力公司的机器人"反抗"人类的假视频。

实际上，这个问题在人工智能学术界已经争论过很多年，甚至分成了意见相左的两派——"智叟派"和"愚公派"。智叟派认为人工智能只是一门技术，是计算机学科的一个分支，研究人工智能的目的只是为了获得更好的技术，提高人工智能解决实际问题的能力。但人工智能要具有和人一样的智能非常困难，因为有很多难以逾越的障碍。休伯特·德雷福斯在其撰写的《计算机不能做什么》一书里就认为，人类拥有的常识智能是目前人工智能最大的且不可能解决的障碍。

更具体来说，他从四个层面提出过质疑：一是物理层面的人脑是模拟的，而计算机模型如 MP 模型是二元结构的；二是心理学层面的。他认为常识和背景知识无法用当时流行的专家系统来刻画；三是认识论方面。人工智能习惯将知识形式化，但人类的知识有太多不确定和复杂性，很难全部等价地形式化。四是本体论方面。物理世界是由事实组成，本体论则是希望还原相关的事实。除此以外，人类还有如 20 世纪就开始的现象学研究，即通过"直接的认识"、直接面向事物本身，来描述不同于任何心理经验的、"纯粹意识内的存有"的现象。

而愚公派则乐观得多。他们认为对真理的探索就像愚公移山，只要坚持不懈，总有一天能把人工智能这座大山里所有的难点都移走。比如德雷福斯提到的第一点，目前正在研究的以叠加态为基础的量子计算机，也许能更好地模拟人脑。而心理学方面的认知，一直在更新和进步中，也许未来会有全新的能完美刻画常识和背景知识的理论出现。关于认识论和本体论的问题，也需要有新的理论支撑。同时，愚公派也愿意从认知科学的视角来研究人工智能。近年来，脑计划、类脑计划的提出，也是希望从研究大脑的角度来深入了解人工智能。

这两派到底谁最终能赢得胜利，可能以现有人工智能的积累来看，下结论还为时过早。

NovelAI、ChatGPT 与 GPT-4
造飞机还是设计鸟？

　　人类的形象思维如诗歌、文学、艺术等，以及初级的精神活动如记忆、灵感、梦境等能否通过计算机来模拟，至今仍困扰着科学家们。

　　但值得注意的是，自 2022 年开始，除了简单易重复的工作出现了被机器替代的苗头外，人工智能生成内容（Artificial Intelligence-Generated Content）的研究在绘画、音乐生成、人机对话、图像处理等方面都取得了不错的进展，也让人类实实在在感受到了人工智能的强大。在文学和艺术上，我们已经看到不少以假乱真的人工智能作品，让人很难区分是人还是机器完成的。比如 NovelAI 能在提示词学习（Prompt learning）的前提下，通过多次人机交互获得了更为理想、唯美的绘画效果。在 2022 年 8 月美国科罗拉多州举办的艺术博览会上，人工智能的绘画作品《太空歌剧院》甚至获得了数字艺术类别的冠军。

　　另外，2022 年 11 月底 OpenAI 开发的聊天机器人 ChatGPT（Chat Generative Pre-trained Transformer，即聊天生成式预训练变

换模型），则让机器与人的对话有了一次质的飞跃。

ChatGPT 的出现并不突然。从其进化中能看到 2017 年谷歌公司提出的转换模型 Transformer 的影子，自注意力（Self-attention）帮助获得了语句在长程上的关系。也能看到转换模型双向编码表示 BERT 的功效，其中，BERT 实现了句与句的关系推理。对人工智能研究来说，ChatGPT 产生了重要的突破，也让人们意识到数据、算力和大模型的重要性。ChatGPT 采用了 45TB 源自互联网的文本数据，1 万张 A100 的 GPU 显卡，以及具有 1750 亿参数的大模型。尽管其代码没有开源，但从官方的报道来看，它引入了基于人类反馈的强化学习（Reinforcement Learning from Human Feedback）、代码预训练、指令微调、思维链等技术，使其在对话性能上得到了显著提升。相比于之前推出的 GPT-3 大模型，它通过代码预训练、指令微调和思维链，掌握了本来不知道的知识，甚至知道得更多，而本应知道的知识也扩增了。结果，它通过了美国的执业医师考试以及沃顿商学院的 MBA 考试，在中国的高考客观题上也成绩斐然。这无形中让人觉得 ChatGPT 的知识储备变强了。

另外，人们通过与 ChatGPT 的交互发现，它具备了以往大模型不具备的新功能，尤其是涌现能力，包括愿意承认错误、会回避可能引起伦理争议或违规的问题，以及与人类思维接近的问题回答逻辑。

有些人甚至误以为 ChatGPT 已经达到了与人相当的智能，如斯坦福大学的学者认为 ChatGPT 拥有相当于人类 9 岁儿童的心智，这让人不得不想起 20 世纪 60 年代在对话系统中曾出现的 Eliza 效应。

当然，ChatGPT 目前还存在一些不足之处。由于它的输出是以概率形式来获得的，它对简单的"加减乘除"问题或数学中的一阶逻辑问题的回答，经常犯低级错误。它的知识库来源于已有的互联网知识，对新的知识缺乏好的学习能力。它也会犯事实性错误或产生"幻觉"，将一些明显不符事实的内容拼凑在一起，一本正经地胡说八道，比如把完全是其他人的文章硬说成是某人的，或者将同名同姓之人的简历错误地堆砌成某人的所谓介绍。

尽管如此，科研人员普遍认同，目前的 NovelAI 和 ChatGPT 确实让人工智能的发展有了明显的进步和明确的努力方向，即采用巨量数据来尽可能覆盖待研究的问题，通过先进的硬件获得加强且能高效运转的算力，再通过大模型实现对通用问题的求解。而于 2023 年 3 月推出的 GPT-4 进一步印证了这一思路的可行性。ChatGPT-4 不仅在推理能力上得到了增强，在安全性方面仅用 6 个月的额外时间进行了完善，在文字输入限制上提升到 25 000 字，还增加了看图说话的能力。看图说话的能力是指输入图像和手画图后，它能先利用计算机视觉领域中的图像描述（Image Captioning）功能，对图像理解并转成文字，再进行类似 ChatGPT 的聊天式回复。而竞争公司 Anthropic 推出的 Claude 大模型已经能一次在 10 万个 Tokens（如单词 Pretrain 能拆成前缀 Pre ＋词根 train 两个 tokens）上进行联想和推理。

类似的进展还有 2023 年推出的 Midjourney 以及 OpenAI 推出的 DALL-E 3，它们在绘画的精细化和想象力上又上了一层楼。将 ChatGPT 与 Midjourney 或 DALL-E 3 结合，能产生更符合人类思维的绘画作品。另外，Meta 公司在 2023 年 4 月推出的 SAM（Segment Anything Model）在图像分割领域，也通过指令学习形成了令人瞩目的分割效果。尽管其在引入噪声攻击后，模型会出现错误的图像分割结果，但瑕不掩瑜。

乍看上去，这似乎已经让人们看到走向通用人工智能的希望。但是否真的如此呢？这也许可以用造飞机和设计像鸟的智能体来比拟回答。

现有的 NovelAI、ChatGPT 和 GPT-4 沿袭的技术路线更像是造飞机。飞机能像鸟一样飞，甚至比鸟飞得更快、更远，但本质上它不是鸟，无法像鸟一样用极少的能量摄入就能灵巧地在空中飞翔。从微观粒度来看，飞机上的元件也无法做到鸟类羽毛那么精细。如果用强人工智能和弱人工智能来区分，造飞机的做法是让其看上去像人，但实际上并不是。要获得完全让人认同的、真正具有人类意识的智能体，我们可能需要重新找条完全不同于现在依赖算力、大数据和大模型的技术路线。

把我
画美点哦！

人工智能极简史

人工智能科幻影视

是前瞻性，还是没道理

在人工智能的历史上，科幻电影也占有重要地位。与实际的研究与应用不同，科幻影视更多是展望了人工智能在未来可能的发展状况、存在的问题和潜在风险。

比如，类人机器人，可以追溯到 1927 年科幻电影《大都会》中弗里兹·朗扮演的形象——一个像人的脑袋、两只手臂、两条腿的机器。这几乎成了迄今为止所有类人机器人的仿制原型。

除了机器人的形象设计，科幻电影中也不乏对人工智能本身的思考。2001 年史蒂文·斯皮尔伯格拍摄的人工智能同名电影《人工智能》，通过讲述在未来社会，一个小孩形态的机器人寻找养母的故事，试图启发我们思考一些问题：人类可能会怎样与具有先进智能的机器人相处？机器人是否会认为自己不只是机器而是有情感的人？它又如何实现自我认知？等等。

而 1968 年拍摄的电影《2001 太空漫游》讲述了在 2001 年的木星登陆计划中，飞船上的高智能电脑"HAL9000"失控后，导致飞行员和三名"冬眠"人员丧命，仅存飞船船长大卫与这台电脑的

斗智斗勇的故事。它似乎早早地预示了人类过度相信人工智能的
风险。

　　1999 年开始放映的系列电影《黑客帝国》则是假设人类生活在
由名为"矩阵"的人工智能系统控制的虚拟世界里，人类需要与其
抗争的故事。从某种意义来看，他与现今人工智能里经常提及的数
字孪生、元宇宙等都有很强的相关性。与此类似的，还有 2018 年上
映的《头号玩家》和 2021 年上映的《失控玩家》。

　　科幻小说家艾萨克·阿西莫夫（Isaac Asimov）于 1942 年在

其科幻短篇小说《环舞》（*Runaround*）中，提出了机器人三定律：（1）第一定律：机器人不得伤害人类，对人类受伤害不能坐视不管；（2）第二定律：机器人应服从人类的一切命令，除非命令与第一定律冲突；（3）第三定律：在不得违反第一、第二定律前提下，机器人可以保护自身安全。而在 2004 年上映的同名电影《我，机器人》里，人与机器人在未来和谐共处，这三条定律就得到了体现。

2002 年上映的电影《少数派报告》中则考虑了如何利用人工智能体的集体决策来预防人类的潜在犯罪意图，以便将犯罪行为杜绝在萌芽阶段。如果在决策上存在分歧，则需要保存少数派报告。然而，在电影中，人工智能体也会犯错，以至于主人公被错误地判定为罪。主人公只有找到少数派报告才能以证清白。从某种意义来看，它考虑了集成学习或决策的潜在风险。

2015 年上映的电影《机械姬》是通过程序员迦勒与人工智能机器人艾娃之间的爱情，来探索图灵测试对完善机器人智能的重要性。

2022 年上映的电影《月球陨落》则表现了对人工智能的担忧，描绘的是当人工智能高度发展后，最终人工智能体完全替代人类的故事。

事实上，早在 1984 年开始出品的《终结者》系列电影，更是假想了一个机器人想完全占领地球的未来世界。在第一部中，终结者机器人 T-800 通过时空隧道回到 1984 年，想杀死人类抵抗者精英康纳的母亲莎拉，让康纳不会出现在未来。为了阻止此事的发生，康纳也派出了火速派战士雷斯,为拯救母亲莎拉,与终结者展开了殊死斗争。

与人工智能相关的电影层出不穷,相信今后仍然会不断涌现。由于其视觉上的冲击力很强烈,它更能激发科研工作者们去实现其中的一些妙想,也能让尚未了解过人工智能的人们尤其是青少年产生浓厚的兴趣,并在长大后选择投身人工智能的研究。它也能在一定程度上引起科研工作者对人工智能风险的深度思考。

人工智能极简史

时空尺度

人工智能的局限性

人工智能毕竟是人类设计出来的，因此它的潜力本质上取决于人类对智能的了解有多深。但笔者以为，我们对这方面的认识还很浅。

人类的历史远远短于自然进化的历史。有明确记载的人类文明史不过几千年，而生物进化的历史从原核细胞算起，已经有大约 36 亿年。其进化的复杂程度远超人类所理解。我们对 DNA 密码的解读仍不完全，也很难复现生物体的细节。哪怕是一只蚊子腿的细节，它也比现有人工制造的机械手要精细、巧妙得多。所以，要想全方位地超越生物和自然进化的能力，还需要非常漫长的时间和耐心。

而从空间尺度来看，也是如此。人类赖以生存的地球虽然巨大，但从宇宙尺度来看，就只是一粒微尘。而我们所知的太阳的体积，就有 130 万个地球大。而哪怕是可观测的宇宙大小，也仍是相当的庞大。有很多概念我们目前可能只能做到无限接近，但不一定正确。

另外，空间不仅有尺度上的差异，还有结构上的变化。比如莫比乌斯环，是生存在三维空间的二维无定向曲面。在这个曲面上，是无所谓正反面的，蚂蚁可以沿着平行于环侧边、环面上的中心线，从环的一面爬到另一面，理论上实现无限循环，且不必通过翻越环的侧边来实现换面爬。而四维空间中的三维无定向曲面——克莱茵瓶，则在人类生存的三维空间中无法被仿制。不仅如此，还有更多复杂未知的拓扑结构等待我们去发现。

　　所以，从时空的尺度和结构来看，人类对智能的探索，目前的情况有点像盲人摸象，但又不及盲人摸象。因为，人类可能只摸到了大象的一根毛，就说这是一头大象了。

总的来说，自 1936 年至今，人工智能确实取得了突飞猛进的进步。期待不久的将来，还会有全新的理论知识体系被提出，也期望能彻底揭开大脑的奥秘。笔者认为，至少在百年以内，不必像美国未来学家雷·库兹韦尔（Ray Kurzweil）在其 2005 年出版的图书《奇点临近》中所担心的，出现人工智能会全方位超越人类的情况。

不论从时间还是空间上来看，人类在人工智能的道路上还有着很长的路要走，过分乐观或过分悲观都不必要。

后　记

　　《人工智能极简史》是我撰写的第二本人工智能科普书。第一本是我第一次尝试写书，书名是《爱犯错的智能体》，由清华大学出版社于 2019 年 7 月出版。该书的目的，是希望通过科普人类在视觉、感官、知觉等方面出现的各种犯错，让读者了解人工智能在哪些方面存在局限性和思考潜在的可探索方向。

　　而《人工智能极简史》则是一本介绍人工智能历史的科普书。最初是西安理工大学的孙强老师将我推荐给湖南科学技术出版社的邹莉编辑，希望由我来撰写此书。联系上后，我非常开心。我喜欢做科研，与这家出版社曾出过的一套《第一推动丛书》是分不开的，我几乎每本都曾仔细地读过，也因此对科学研究产生浓厚兴趣。

　　说到写人工智能历史，我觉得也很有意义，毕竟读史可以明鉴。不过，关于如何介绍历史，就有很多种写法，各有千秋。有些是按时间的递进次序来写，方便读者了解各个事件发展的进程；有些是按重要事件，分章节撰写；有些则是根据代表性人物的性格来分析历史为什么会这样发展，而不是那样；还有些会尽量挖掘历史事件背后的八卦，让历史读起来比较有趣。

但不管从哪个维度来写，历史的长度都能让人可以更全面地看清一个学科和方向的发展。我印象颇深的是，以前我给复旦大学计算机科学技术学院本科生上过一门课——《大学物理》。在上课之前，我就专门读过两本物理方面的历史书。一本严肃的是《物理简史》。一本轻松的是《上帝会掷骰子吗？》。上课时，我会在讲授《大学物理》的过程中穿插一些历史知识，以便同学们能更深入地了解物理学相关概念的来龙去脉和背后的故事，从而更好地学习《大学物理》。

所以，我觉得如果能写一本有深度且有趣的历史书，一方面能吸引读者认真了解该学科的全貌、优势与不足，形成更全面的认知；另一方面，也不会因为只了解近况而一叶障目，也就能避免过于狭窄的视角。除此以外，如果未来从事这一学科的研究，通过阅读历史，也能更好地把握方向，确保不会走偏。尤其是当历史有足够的时间累积时，更容易让人看清楚每个局部时间点相关事件背后可能的利与弊，而不会盲目地追捧或一味地全盘否定。

事实上人工智能的不少模型也有着类似的考虑：局部和整体，相邻和长程。但凡事并非总是1+1=2，也不见得一直都会是1+1>2。有的时候，加着加着能回到原点，如无定向的莫比乌斯环。有的时候，快速的进展却会带来灾难性的雪崩。但从全局来看，我更倾向于相信费曼在其《物理学讲义》里讲的话，大意是："我们不可能完全了解或掌握真理，但通过不懈的努力，甚至是一代又一代人的努力，可以无限地接近真理。"人工智能的发展，也会是如此。

另外，最初写这书的时候，出版社是定位在简要介绍人工智能的历史，再适当增加一些漫画，让书的内容更为卡通化，因此原定书名《漫画人工智能》。后来，写得兴致来了，越写越多，遂改成了《人工智能极简史》。在书的结构上，我将人工智能分成四个阶段来介绍，同时穿插了一些人工智能分支流派的知识，并在最后一部分，对人工智能的未来做了一些探索性的思考、分析和展望。关于人工智能具体分几个阶段，从我所能了解的情况来看，并没有完全共识的观点，说法不一。但不管如何分配，总体上都没有影响对人工智能历史的介绍。

2022 年约 4 月时完成了初稿，我请陆汝钤老师帮忙指正，以便能进一步完善。他也顺便找了三位专家一起来审阅。我从他们那得到了不少善意的批评和建议，也认真按他们的建议对全书的内容进行了改进，并补充了一些原稿中没有或不应该缺失的内容。

为了确保人工智能的历史不走样或引起误导，在随后的一段时间，我也没有急于交稿，而是继续阅读了三本相似主题的科普书，包括 2021 年出版的迈克尔·伍尔德里奇著的《人工智能全传》、2021 年尼克撰写的《人工智能简史》（第 2 版）和 2022 年出版的吴飞撰写的《走进人工智能》。我这么做的目的是我希望能尽量将重要的事件和内容融入进来，以便准确、完整地描述人工智能历史。而在写作上，我仍然保留了自己的写作风格和特色。

另外，从 2022 年 4 月开始执笔至出版期间，人工智能也还在快速的发展，国内外相关科学研究工作者对人工智能也有了一些新的认识和见解。所以，我又增加了几小节新的内容，以便大家能了解人工智能领域更新的现状和对未来的展望。

尽管如此，我仍然还是会存在一些如井底之蛙的误区，对人工智能的某些历史了解会出现认识不深的问题。由于是"极简史"，所以，在方向的选择上并不是考虑要做到全方位无死角的覆盖，而是选择了一些我认为关键的内容。另外，在全文撰写过程中，虽然进行过多次检查，但仍然会存在一些疏漏。这些，都希望读者能给予谅解。如有发现问题，也可以通过邮件反馈给我。我争取在再版时都一一更正或补充。

最后，非常感谢陆汝钤老师为本书作序以及对全书内容的建议。感谢中国科学院数学与系统科学研究院高小山研究员和中国人工智能学会余有成秘书长对吴文俊院士在人工智能方面工作介绍的订正，复旦大学计算机科学技术学院张奇教授对机器翻译内容、肖仰华教授对知识图谱内容的交流和建议，也感谢三位匿名专家对本书的友情建议。还特别感谢复旦大学研究生院对本书的支持，将本书列为《复旦大学研究生系列教材》并提供了经费支持，也感谢国家自然科学基金（No. 62176059）的支持。

需要指出的是，本书不仅可以作为研究生教材使用，也可以作为本科学生的通识教育课程，面向大一、大二学生介绍人工智能历史相关的内容。因为本书未出现一个公式，对人工智能感兴趣的青少年以及爱好者也都可以将其当成科普书来阅读，从而能了解人工智能的历史、现状和未来。

2023 年 9 月 12 日